U0376871

QIUYIN

蚯蚓高效养殖技术一本通

潘红平 主编
苏以鹏 蒋顺萍 副主编

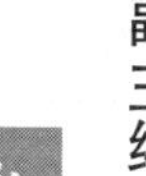

化学工业出版社
生物·医药出版分社
·北京·

本书从蚯蚓的利用价值和市场发展前景、特性与特征、食物和营养、引种、养殖场的建造、不同时期的饲养管理、育种与繁殖、疾病防治、采收与运输、综合利用等方面做了详细的介绍。书中介绍的蚯蚓高效养殖技术既适合于庭院养殖，也适合于大规模的工厂化养殖。为了更便于读者的养殖投资决策，书中相应重点增加了对养殖蚯蚓取得经济效益的分析。另外，本书还根据作者的实践经验，对另一类与蚯蚓类似的高蛋白动物性饲料——蝇蛆也做了简单的介绍，以便开阔读者认识此类蛋白质饲料的视野。

本书适于特种养殖企业和特种养殖户参考阅读。

图书在版编目（CIP）数据

蚯蚓高效养殖技术一本通/潘红平主编．—北京：化学工业出版社，2009.2（2023.11重印）
（农村书屋系列）
ISBN 978-7-122-04477-8

Ⅰ.蚯…　Ⅱ.潘…　Ⅲ.蚯蚓-饲养管理　Ⅳ.S899.8

中国版本图书馆 CIP 数据核字（2008）第 207829 号

责任编辑：邵桂林　　装帧设计：关　飞
责任校对：宋　夏

出版发行：化学工业出版社　生物·医药出版分社
（北京市东城区青年湖南街 13 号　邮政编码 100011）
印　　装：大厂聚鑫印刷有限责任公司
850mm×1168mm　1/32　印张 5¾　字数 136 千字
2023 年11月北京第 1 版第 40 次印刷

购书咨询：010-64518888　　售后服务：010-64518899
网　　址：http://www.cip.com.cn
凡购买本书，如有缺损质量问题，本社销售中心负责调换。

定　　价：19.00 元

版权所有　违者必究

《蚯蚓高效养殖技术一本通》
编写人员名单

主　　编　潘红平

副 主 编　苏以鹏　蒋顺萍

编写人员　（以姓氏笔画为序）

石彩蓉　白　琳　苏以鹏　陈会娟

黄正团　蒋顺萍　黎　江　潘红平

出版者的话

党的十七大报告明确指出："解决好农业、农村、农民问题，事关全面建设小康社会大局，必须始终作为全党工作的重中之重。"十七大的成功召开，为新农村发展绘就了宏伟蓝图，并提出了建设社会主义新农村的重大历史任务。

建设一个经济繁荣、社会稳定、文明富裕的社会主义新农村，要靠改革开放，要靠党的方针政策。同时，也取决于科学技术的进步和科技成果的广泛运用，并取决于劳动者全员素质的提高。多年的实践表明，要进一步发展农村经济建设，提高农业生产力水平，使农民脱贫致富奔小康，必须走依靠科技进步之路，从传统农业开发、生产和经营模式向现代高科技农业开发、生产和经营模式转化，逐步实现农业科技革命。

化学工业出版社长期以来致力于农业科技图书的出版工作。为积极响应和贯彻党的十七大的发展战略、进一步落实新农村建设的方针政策，化学工业出版社邀请我国农业战线上的众多知名专家、一线技术人员精心打造了大型服务"三农"系列图书——《农村书屋系列》。

《农村书屋系列》的特色之一——范围广，涉及100多个子项目。以介绍畜禽高效养殖技术、特种经济动物高效养殖技术、兽医技术、水产养殖技术、经济作物栽培、蔬菜栽培、农资生产与利用、农村能源利用、农村老百姓健康等符合农村经济及社会生活发展趋势的题材为主要内容。

《农村书屋系列》的特色之二——技术性强，读者基础宽。以突出强调实用性为特色，以传播农村致富技术为主要目标，直接面

向农村、农业基层，以农业基层技术人员、农村专业种养殖户为主要读者对象。本着让农民买得起、看得会、用得上的原则，使广大读者能够从中受益，进而成为广大农业技术人员的好帮手。

《农村书屋系列》的特色之三——编著人员阵容强大。数百位编著人员不仅有来自农业院校的知名专家、教授，更多的是来自在农业基层实践、锻炼多年的一线技术人员，他们均具有丰富的知识和经验，从而保证了本系列图书的内容能够紧紧贴近农业、农村、农民的实际。

科学技术是第一生产力。我们推出《农村书屋系列》一方面是为了更好地服务农业和广大农业技术人员、为建设社会主义新农村尽一点绵薄之力，另一方面也希望它能够为广大一线农业技术人员提供一个广阔的便捷的传播农业科技知识的平台，为充实和发展《农村书屋系列》提供帮助和指点，使之以更丰富的内容回馈农业事业的发展。

谨向所有关心和热爱农业事业，为农业事业的发展殚精竭虑的人们致以崇高的敬意！衷心祝愿我国的农业事业的发展根深叶茂，欣欣向荣！

化学工业出版社

前　言

蚯蚓属于环节动物门，寡毛纲，一般生活在土壤之中，如环毛蚓、赤子爱胜蚓等，还有一些生活在水底泥土中，如颤蚓、水丝蚓等。蚯蚓属于雌雄同体动物，即在一个蚯蚓个体中有雌雄两套生殖系统，因此蚯蚓没有公母之分。蚯蚓虽小，可是其利用价值却很高，主要表现在如下：1. 在医药保健方面：蚯蚓在中医学上称为“地龙”，是传统的中药，具有清热、解毒、镇静、利尿、通络等功用，其性寒，味微咸，在《本草纲目》一书中由地龙配制的药方就有40余种，可用于治疗热结尿闭、高热烦躁、抽搐、经闭、半身不遂、咳嗽喘急，肺炎、慢性肾炎、小儿急慢惊风、癫痫、高血压、风湿、痹症、膀胱结石、黄疸等多种疾病。近年来，人们运用先进的科学技术对蚯蚓的药用成分、药理作用进行了深入的研究，证明蚯蚓具有多种药理功能。据分析，蚯蚓体内含有地龙素、地龙解热素、地龙解毒素、黄嘌呤、抗组织胺、胆碱、核酸衍生物、B族维生素等多种药用成分。另外，研究发现蚯蚓的浸出液还可用于美容保健，如果将蚯蚓浸出液添加到膏、霜、膜中，可消除雀斑，防止太阳辐射，是很好的保健护肤品。2. 在动物性蛋白质饲料方面：近年来，世界各国畜禽、水产养殖业迅速发展，对动物性蛋白质的需求量越来越大，但由于环境污染，加上对鱼类的滥捕，导致鱼粉等动物性蛋白饲料严重不足。因此，开辟蛋白饲料的新来源已成为迫切需要解决的问题。目前，不少国家发展蚯蚓养殖，并着手进行利用蚯蚓开辟蛋白质饲料新来源的研究。蚯蚓含有丰富的蛋白质，蛋白质含量占干体重可以高达70%左右，必需氨基酸的含量高，还含有丰富的维生素A、B、E，各种矿物质及微量元素，特别是与味道有关的谷氨酸含量很高。用蚯蚓喂养的鱼、蛙、龟、鳖、鸡、鸭、猪等动物，生长快，味道鲜美。3. 在农业方面：著名生物学家达尔文在《蚯蚓的习性和它对形成植物土壤的作用》一书中写到蚯蚓是农业的犁手，是改良土壤的能手。国内外已有不少学者做过蚯蚓改良土壤的相关研究。蚯蚓通过不断地纵横钻洞和吞吐排粪等生命活动，不仅能改变土壤的物理性质，而且还能改变土壤的化学性质，蚓粪较之畜粪的磷、钾、钙以及有机物的含量高出数倍，其肥力比畜粪要好。蚓粪不仅可以提高土壤的肥力，使栽培的植物生长、发育良好，而且还可增强植物抗病害的能力。4. 在治理环境污染方面：蚯蚓在自然界中大大加速了许多有机物的腐殖质化过程，为土壤微生物的大量繁殖创造了良好的条件，增强了土壤微生物继续活动场所，蚯蚓能分泌出许多特殊的酶类，有着惊人的消化能力。世界上许多国家利用蚯蚓来处理如食品加工、酿造、造纸、木材加工以及纺织等行业的浆、渣、污泥等工业废弃物。在处理城市的生活垃圾和商业垃圾方面，也能起很大的作用。5. 在食品方面：蚯蚓蛋白不仅用于养殖业，其游离氨基酸在食品工业中用途也很大。近年来，在一些经济发达的国家和地区、如西欧和美国等，从营养和保健的角度出发，食用蚯蚓较普遍，美国有的食品公司用蚯蚓制作成各种食品，如专制蚯蚓浓汤罐头和蚯蚓饼干，畅销欧美各国；用蚯蚓沫加苹果做成蛋糕；另外还有蚯蚓烤面包、炖蚯蚓、蚯蚓干酪、蘑菇蚯蚓等，出现了食用蚯蚓特餐，在我国台湾省，蚯蚓食品有通心粉和地龙糕等，蚯蚓菜肴有地龙凤巢（即蚯蚓炒蛋或爆蛋）、千龙戏珠（即蚯蚓煮鸽蛋）、龙凤配（即蚯蚓炖鸡）等。

蚯蚓分布广，适应性强，养殖方法简单繁殖快，抗病力强。养殖的原料十分广泛，有畜禽粪便，如马粪、牛粪、猪粪、鸡粪等；植物，如稻草、玉米秸、麦秸、树叶、木屑等；家庭废弃物，如烂瓜果、烂蔬菜、剩余饭菜、各种畜禽鱼内脏等；农副产品废弃物：

如酒糟、果渣、糖渣、食用菌栽培料渣、废纸浆液等。农村和城市均可进行蚯蚓的养殖及开发利用。蚯蚓养殖这一项目也将被越来越多的人看好，前景将十分广阔。

我国是一个有着丰富养殖蚯蚓资源的国家，发展蚯蚓养殖和提高蚯蚓养殖效益方面有极大的潜力。为了在21世纪使我国的蚯蚓养殖业更快更稳地向前发展，我们必须在大力扩大蚯蚓养殖数量的同时，注重提高养殖蚯蚓的经济效益。基于这个目的，我们在多年教学、科研和生产实践的基础上，参考了大量的文献和资料，按照“一本在手，蚯蚓养殖之路健步走”的思路，编撰了本书。本书摒弃了一般蚯蚓养殖书籍用大量篇幅介绍蚯蚓解剖学、蚯蚓生物学以及各种机制和理论等方面的内容，力求技术实用高效、通俗易懂，并增加了对提高蚯蚓养殖经济效益方面有用的技术和知识。希望广大读者通过阅读此书，应用书中介绍的技术和方法，提高蚯蚓生产效率、降低劳动强度、降低生产成本，获得更大的经济效益。

由于本书涉及内容广泛而新颖，加上笔者水平有限，书中不足之处在所难免，我们热忱希望广大读者提出更好的见解和宝贵的建议，以便再版时充实完善。

潘红平　博士

2009年春于广西大学

目　　录

第一章 认识蚯蚓

第一节 蚯蚓的特征与特性

蚯蚓属于环节动物门、寡毛纲。寡毛纲一般分为三个目。①近孔寡毛目。体形较小，一般生活在淡水水底泥土中，如常见的有颤蚓、毛腹虫、尾盘虫以及水丝蚓等。②前孔寡毛目。体形小，水生或寄生，如带丝蚓以及寄生在喇蛄的鳃或体表的蛭形蚓。③后孔寡毛目。体形较大，一般生活在土壤之中，这一目即是我们日常见到的蚯蚓，如环毛蚓、杜拉月、异唇蚓等。自然界的蚯蚓种类繁多，大小不一。成虫短的不足 1 厘米，长的可达 2 米以上。其颜色各异，有棕色、红色、灰白色等。蚯蚓又因生活环境不同，在土壤或水中生活，分为陆栖蚯蚓和水栖蚯蚓（水蚯蚓）两大类。按其身体的长短，通常把蚯蚓分为大、中、小三类：体长大于 100 毫米、宽大于 0.5 毫米的为大型种类；体长 30～100 毫米、宽 0.2～0.5 毫米的为中型种类；体长小于 30 毫米、宽小于 0.2 毫米的为小型种类。水栖蚯蚓为中、小型种类，其体壁多无色素。体壁不透明的种类外观常为淡白色或灰色，也有微红色、粉红色或绿色等其他颜色的种类。常见的陆栖蚯蚓为大、中型种类，体表面通常表现出各种不同的颜色。体色与它们所栖息环境十分密切。通常蚯蚓的背部、侧面呈棕红、紫、褐、绿等色泽，而腹部的颜色较浅。同一种类的蚯蚓，生活在不同的环境中时，体色会随之改变，这是生理与环境协调统一的结果。

目前全世界已知的蚯蚓有 3000 余种，约有 3/4 是陆栖蚯蚓。它们具有环节动物的一般特征，但无疣足，刚毛着生于体壁上，有生殖带，头部退化，身体分节，并有相应的内部分节，每一段就是一个体节。在胚胎发育过程中，分节现象起源于中胚层，由内到外，因此环节动物的内部器官（如循环系统、神经系统、排泄系统等）也是分节排列的。每一体节几乎等于一个独立的单位，这样的结构对于加强身体适应能力和新陈代谢具有很大的意义。譬如每节都有一个神经节，使动物对外界环境的感觉和反应更加灵敏；又如每一体节具有（一对）排泄系统，使其排泄进行得更快，更有效率。

就性别而言，蚯蚓属于雌雄同体动物。常见的蚯蚓体形呈细长圆柱形，运动时弯曲自如。其身体由若干环节组成，没有骨骼，体躯似一个细长的袋囊，表面被一薄而具色素的几丁质层。蚯蚓的体壁由几丁质层、白蛋白细胞、杯形细胞、表皮、环肌等组成。体壁就是它的外骨骼，支撑着整个身体。除头部两节外，其余各节一般被刚毛。

现具体介绍蚯蚓的主要外表特征。

一、体节

组成蚯蚓身体的各个环节是不尽相同的，前部体节和生殖带一般最宽。不同种类的蚯蚓，体节数目的差异很大，多的可达600多节，少的仅7节，一般为110～180节。

二、刚毛

蚯蚓体表的刚毛因种类不同而有差异，有刚毛、钩状毛、生殖刚毛等类型。刚毛的主要作用是运动时能抓住土层。刚毛的形状因种类不同、在身体上所处的位置不同面而异，多为棒状，或呈针状。

三、开孔

蚯蚓体表还有很多孔，如背孔、头孔、肾孔、雄性生殖孔（简

称雄孔）、雌性生殖孔（雌孔）、受精囊孔等，开孔的形状和部位可作鉴别种类的依据。

位于背中线节间沟内的孔为背孔。水生或半水生的种类无背孔。

肾孔很小，位于身体侧面节间沟后方，常沿身体每侧扩展或单行排列，肾孔是排泄器官——肾管的开口。

生殖孔在身体的腹面或腹侧面成对向外开口。如巨蚓的雄孔位于第15节腹侧面，每孔在一呈裂缝状的凹陷内，有些种类的雄孔周围还有突出的唇状突或以腺乳突为界并延伸至邻近体节。不同科的蚯蚓雄孔可能位于完全不同的体节。

雄孔及前列腺孔两者都可能开口于突出的乳突或隆脊上，也可直接开口于体表。有的种类雄孔与前列腺孔合开一个口。若分开开口，则常与位于腹两侧的纵行精液沟联接。蚯蚓一般有两对或多对受精囊孔，受精囊与孔常不成对。受精囊孔常位于节间，多在腹面或侧腹面，少数种类有时也接近背中线。

雌孔大多为1对，在节间沟或体节上，如巨蚓科、舌文蚓科的雌孔在第14节上，有时两个雌孔也合成1个位于中间。

四、生殖带及附属结构

生殖带是表皮的腺体部分，与蚓茧（卵包）的产生有关联，呈马鞍状或环状结构，正蚓科种类大多似马鞍状，环毛蚓多为环状。虽然生殖带有时仅外部颜色与身体其余部位不同，但是经常呈肿胀状。当成熟的正蚓科种类生殖带肿胀时，节间沟特别是背面部分常不明显或模糊不清。

生殖带的位置往往扩展超过其节数，不同种类的扩展程度也不同。正蚓科的生殖带位于身体前部生殖孔的后方，开始于第22节和第38节之间，向后延伸4～10节。一些水生或半水生的蚯蚓以及线蚓科的生殖带只是在卵形成期才短暂地发育。正蚓科的生殖带也仅在繁殖季节才明显可见。

性成熟时，大多数蚯蚓的前部腹面有许多性突起，突起和乳突等各种标志的数量和形状在不同种的蚯蚓个体上大不相同。性突起由腹面上的腺体加厚而成，位于或接近生殖带。正蚓科具有成对的近乎卵圆形的纵行脊，有时被节间沟部分分隔，或者将乳突分隔在生殖带腹面的两侧。性突起经常延伸数节，但比生殖带所占据的节

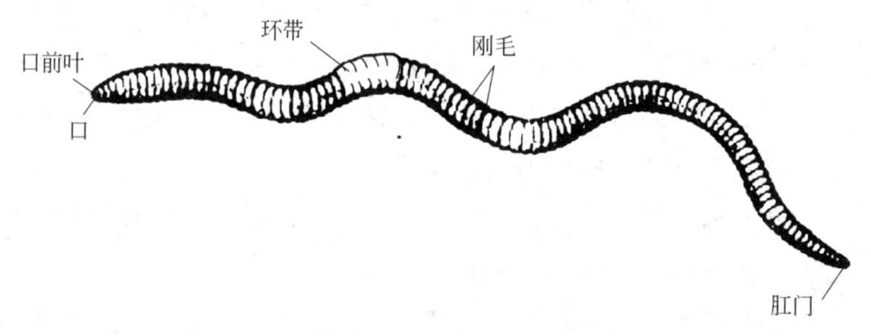

图 1-1　环毛蚓的外形
（仿 Hickman）

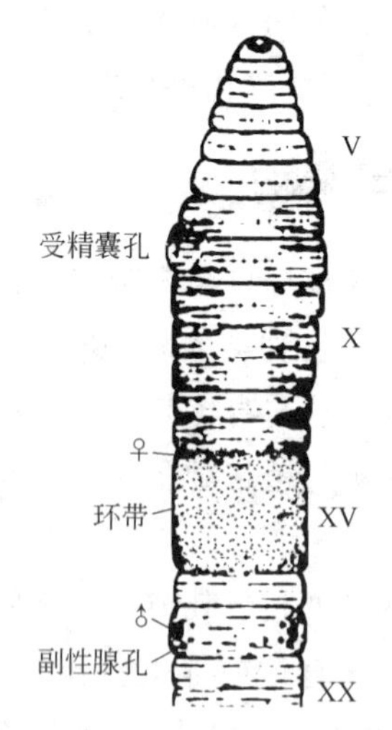

图 1-2　环毛蚓的体前部分腹面观
（仿陈义）

数少，除正蚓科的一些种类外，都延伸到生殖带之外。无受精囊的种类常无性突起。性突起和乳突的功能是帮助蚯蚓交配时容易紧贴。

图 1-1 和图 1-2 分别是环毛蚓的外形和体前部分腹面示意图。

第二节　蚯蚓的寿命

计算蚯蚓的寿命，一般从个体发育开始，到个体生命结束为止。即从幼蚓从蚓茧破茧而出到蚯蚓自然死亡为止，它包括从幼蚓到性成熟、完全成熟、衰老直至死亡各个阶段。蚯蚓的寿命长短常因其种类和生态环境的不同而有异。养殖状态下蚯蚓的寿命一般要高于野外自然条件下生活的蚯蚓。正蚓类在田间的寿命大约 4 年时间，然而在人工养殖条件下，长异唇蚓寿命可高达 10 年零 3 个月。赤子爱胜蚓在人工饲养条件下其寿命约为 15 年，从精卵的发生、交配授精、排卵、受精，7～10 天产出蚓茧，14～21 天后孵出幼蚓，3～4 个月后性成熟，环带开始出现，1 年后完全成熟，1～1.5 年后开始衰老，环带消失，此后为衰老期，15 年后即死亡。蚯蚓环带的消失，标志着蚯蚓繁殖期的终结，衰老随之开始，这时蚯蚓的体重下降，各个器官、系统的结构和机能也出现衰老，随着时间的推移，终因生理机能衰老而死亡。蚯蚓在自然界还常常受到各种天敌、病害以及恶劣环境的侵害而死亡，因此自然界蚯蚓的寿命一般较人工养殖条件下的要短得多。

第三节　蚯蚓的习性

一、生活习性

养殖任何一种动物，都必须先了解它的生活习性，然后根据它的生活习性进行恰当的日常管理，就可得到较好的经济效益。如果不了解它的生活习性，盲目饲养就不可能得到良好的效益，有时可能适得其反。所以养殖之前，必须了解所养动物的生活习性。养殖蚯蚓也是一样，要想养好蚯蚓，并收到良好的效益，就必须首先了解蚯蚓的生活习性，再根据蚯蚓的生活习性搞好日常管理。由于蚯蚓品种较多，生活环境和喜食饲料也各不相同，所以它们的生活习性也略有差别，但是喜温、喜湿、喜暗、喜透气、怕光、怕盐、怕震、怕辣食等是其共同的特点。

蚯蚓大多喜温暖、湿润的土壤环境。若土壤表层或土壤中富含有机质，则更适宜蚯蚓的生长繁殖。不同蚓种生长的最适温度不同，一般多在10～25℃之间。蚯蚓喜暗，在其体表口前叶有感光细胞，对光照很敏感，故除夜晚能到土壤表层觅食外，一般均在土壤表层下穿行，通常从下午6时至午夜活动较多。但也有例外的时候，在交配季节，那些在洞穴栖息的蚯蚓尚在凌晨就把身体的大部分露出穴外一、两个小时；有时患病的蚯蚓在昼间爬来爬去，并可能死于地表。但并不是在地表爬来爬去的蚯蚓就是患病蚯蚓，我们通常可以在大雨过后某些地表面上见到蚯蚓。

蚯蚓长期生活在土壤的洞穴里，它的身体形态结构与生活习性对生活环境产生一定的适应，这是自然选择的结果。

首先，头部因穴居生活而退化。蚯蚓身体的前端有肉质突起的口前叶，口前叶膨胀时能摄取食物，当它缩细变尖时又能挤压泥土和挖掘洞穴，但因终年在地下生活，不需要依靠视觉来寻觅食物，所以在口前叶上不具有视觉功能的眼睛而只有能感受光线强弱。

蚯蚓的运动器官是刚毛，利用刚毛，它能把身体支撑在洞穴里，或在地面上蜿蜒前进或后退。

蚯蚓的身体是由许多的体节组成的，在体节与体节之间的背部中央有一个小孔，叫背孔。背孔和身体内部相通，体腔液可以从这个小孔里射出来，蚯蚓利用这种液体湿润身体，减少身体与粗糙砂

土颗粒的摩擦，并防止体表干燥。此外，体表的湿润还与蚯蚓的呼吸密切相关，因为缺少特殊的呼吸器官，蚯蚓主要通过湿润的表皮来进行氧气与二氧化碳的气体交换。

蚯蚓的感觉器官也因为穴居生活而有所退化，只在皮肤上存在能感受触觉的小突起，在口腔内能辨别食物的感觉细胞，以及主要分布在身体前端和背面的感光细胞，这种感光细胞仅能用来辨别光线的强弱，并无视觉的功能。

达尔文进化全集的第十三卷中提到，蚯蚓无眼，但能辨别光、暗；受强光照射时能迅速后退，但不是条件反射，而且光线是通过其强度及持续时间对蚯蚓产生影响的。如霍夫迈斯特断言和达尔文多次观察的那样，只有其身体的前端（脑神经节所在地）才受光的影响，如果把这部分遮住，即使充分照射身体的其他部分，也不会产生什么影响。蚯蚓对热与冷敏感；蚯蚓没有听觉，但对震动与全身接触敏感。

概括起来，蚯蚓具有“六喜六怕”的生活习性。

（一）六喜

1. 喜阴暗

蚯蚓属夜行性动物，白昼蛰居泥土洞穴中，夜间外出活动，一般夏秋季晚上 8 点到次日凌晨 4 点左右出外活动，它喜欢生活在黑暗处，一般是钻在土层下或基料中觅食，黑夜时也爬出地面觅食。蚯蚓虽然没有眼睛，看不到光，但全身有很多感光细胞，强光对蚯蚓的生长、繁殖极为不利，所以蚯蚓总在黑暗处活动，养殖环境应选在阴暗处。

2. 喜潮湿

自然陆生蚯蚓一般喜居在潮湿、疏松而富于有机物的泥土中，特别是肥沃的庭园、菜园、耕地、沟、河、塘、渠道旁以及食堂附近的下水道边、垃圾堆、水缸下等处。蚯蚓喜欢生活在潮湿的环境中，因而环境不能过于干燥，但也不能过于潮湿，不能浸泡（水蚯蚓除外）。这里所说的喜湿性包括两个方面，一是饲养基土的湿度，二是空气湿度，一般饲养基土的湿度要求在40%～60%，（手握基土指缝见水而不流下为好），空气的相对湿度60%～80%为好。

3. 喜安静

蚯蚓喜欢安静的环境。工厂周围的蚯蚓多生长不好或逃逸。所以养殖场应选在安静的处所。不要震动或经常上下翻动基料土，经常震动将会对蚯蚓的生长繁殖造成不良的影响。

4. 喜温

蚯蚓尽管世界性分布，但它喜欢生活在温暖的环境中。生长适宜温度为15～30℃，0～5℃时休眠，32℃以上停止生长，40℃以上死亡，最佳温度是20～25℃。我们要想获得良好的养殖效益，那就要常年保持在20～25℃。

5. 喜甜、酸味

蚯蚓是杂食性动物，除了玻璃、塑胶、金属和橡胶外，其余如腐殖质、动物粪便、土壤细菌以及这些物质的分解产物等都可采食。蚯蚓味觉灵敏，喜甜食和酸味，厌苦味。喜欢发酵熟化细软的饲料，对动物性食物尤为贪食，每月吃食量相当于自身重量。食物通过消化道，约有一半作为粪便排出。

6. 喜同代同居

蚯蚓具有母子两代不愿同居的习性。尤其高密度情况下，子代繁殖多了，母代就要迁移。

（二）六怕

1. 怕光

蚯蚓为负趋光性，尤其是逃避强烈的阳光、蓝光和紫外线的照射，但不怕红光，趋向弱光。阳光对蚯蚓的毒害作用，主要是阳光中含有紫外线。阳光照射试验，红色爱胜蚓阳光照射15分钟66%

死亡，20分钟则100%死亡。

2. 怕震动

蚯蚓喜欢安静环境，不仅要求噪声低，而且不能震动。受震动后，蚯蚓表现不安，甚至逃逸。靠近桥梁、公路、飞机场附近均不宜建蚯蚓养殖场。

3. 怕水浸泡

尽管蚯蚓喜欢潮湿环境，甚至不少陆生蚯蚓能在完全被水浸没的环境中较长久地生存，但它们从不选择和栖息于被水淹没的土壤中。养殖床若被水淹没后，多数蚯蚓马上逃逸，逃不走的，表现身体水肿，生活力下降。

4. 怕闷气

蚯蚓需要良好的通气，以便及时补充氧气，排出二氧化碳。蚯蚓对氨、烟气等特别敏感。氨浓度超过17%时，就会引起蚯蚓黏液分泌增多，集群死亡。烟气主要含有二氧化硫、一氧化碳、甲烷等有害气体。人工养殖蚯蚓时，为了保温，舍内生炉，其管道一定不能泄漏烟气。

5. 怕农药

据调查，使用农药尤其是剧毒农药的农田或果园土壤里蚯蚓数量少。一般有机磷农药中的谷硫磷、二嗪农、杀螟松、马拉硫磷、敌百虫等，在正常用量条件下，对蚯蚓没明显的毒害作用；但氯丹、七氯、敌敌畏、甲基溴、氯化苦、西玛津、西维因、呋喃丹、涕灭威、硫酸铜等对蚯蚓毒性很大，大田养殖蚯蚓最好不使用这些农药。有些化肥如硫酸铵、碳酸氢铵、硝酸钾、氨水等在一定浓度下，对蚯蚓也有很大的杀伤力。如氨水，农业上常用水稀释25倍施用，但蚯蚓一旦接触这种4%氨水溶液，少则几十秒，多则几分钟即死亡。所以，养殖蚯蚓的农田，应尽量多施有机肥或尿素，尿素浓度在1%以下，不仅对蚯蚓没有毒害作用，而且可以作为促进蚯蚓生长发育的氮源。

6. 怕酸碱

蚯蚓对酸性环境很敏感，不同种类对环境酸碱度忍耐限度不同。八毛枝蚓、爱胜双胸蚓为耐酸种，可在 pH 3.7～4.7 之间生活。背暗异唇蚓、绿色异唇蚓、红色爱胜蚓则不耐酸，最适 pH 为 5.0～7.0。碱性大也不适宜蚯蚓生活，据对环毛蚓在 pH 1.0～12.0 溶液中忍耐能力测定表明，在气温 20～24℃、水温 18～21℃ 情况下，pH 分别为 1.0～3.0 和 12.0 时，蚯蚓几分钟至十几分钟便死亡。随着溶液酸碱度偏于中性，蚯蚓死亡时间逐渐延长。目前人工养殖赤子爱胜蚓和红正蚓时，可把饲料调至偏弱酸性，这样有利于蛋白质等物质的消化。

二、再生与交替性

（一）再生

绝大多数的蚯蚓具有很强的再生能力，当蚯蚓有机体的一部分损伤、脱落或被切截后可重新生成。蚯蚓的损伤再生能力也因种类不同而有很大差异。一般常见的蚯蚓，其自身修复损伤和再生的能力较强。如一条蚯蚓断成两段，只要伤口靠近，可在一周内完全再接。当蚯蚓遭受损害，失去头侧或尾侧部分体节后，均可再生。失去尾侧体节比失去头侧体节的再生能力更快，有的仅一周就可生成，但再生的体节数不会比原来失去的体节数多，这种再生的机制至今尚不清楚。蚯蚓的无性生殖常见于水栖蚯蚓，在陆栖蚯蚓中仅发现背暗异唇蚓具有无性生殖方式。

一部分低等的水栖蚯蚓其再生能力较之高等的陆栖蚯蚓要高。如带丝蚓每个体节可再生一个新的个体；而陆栖正蚓科的种类，前端切去 4 个体节，可再生出 4 个体节；又如一种颤蚓，若切断10～12 个体节，仅能再生出 3 个体节。通常，不同种的蚯蚓同时切断超过身体前端或后端一定的体节部位，就不能再生出所失去的部

分。例如赤子爱胜蚓，在其前端25～26节间之后切断，失去的体节获得再生机会很小，并且在形态上也有所变化，然而蚯蚓的再生情况实际上要复杂得多。试验证实，赤子爱胜蚓的成熟个体有129个体节，在前6个体节范围内，切除其中任何几个体节均可再生头部；若在25～26体节范围切断，则能在两方面再生头部，即头部由切面前后两端再生形成，而都不能形成尾端；在18～34体节区域的再生能力最强，既能再生头部，又可再生尾部，但是在切面两端的情况有所不同。一般情况下，切断蚯蚓的不同位，不仅影响头、尾和体节数的再生，而且对其内部器官的再生也有较大的影响。

有关蚯蚓再生的形态变化报道不少，迄今为止，对与再生的生理等方面的机制和原因尚未弄清楚。不过许多实验证明，黄色细胞对再生很重要，当切去蚯蚓一部分后，有大量黄色细胞向伤口迁移。此外，有人认为温度也会影响蚯蚓的再生，所有种类的再生在夏季较快。一般适合的温度在18～20℃之间，比陆栖蚯蚓正常发育的温度还高，幼蚓比衰老的蚯蚓再生快，一般情况下，性器官很少再生。

（二）世代交替

许多水栖的蚯蚓，其生活史出现无性世代和有性世代相互交替的现象，即世代交替。这也是水栖蚯蚓长期适应外界环境的结果。例如仙女虫科的蚯蚓，它们在整个夏季较好的环境条件下，以无性生殖方式繁殖，到了秋季，它们才开始进行有性生殖。这时依靠蚓茧和受精卵卵裂所产生的外胚膜来保护胚胎免受低温、冰冻的损害，到翌年开春温度上升，幼蚓从蚓茧内孵化出来，经过生长发育，到了夏季性成熟便开始新一轮的无性分裂生殖。但是，在自然界中，很多陆栖蚯蚓仅存在有性生殖，一般情况下它们不进行无性生殖，所以陆栖蚯蚓没有世代交替现象。不过各种陆栖蚯蚓有性生殖具有多种方式。

第四节　蚯蚓的用途

公元1578年，我国著名学者李时珍在《本草纲目》上对蚯蚓的形态结构和生活习性作了较详细的记载，称蚯蚓为“地龙”而入药。公元1837年，达尔文发表了《通过蚯蚓的活动植物土壤的形成》，该著作较系统地阐述了蚯蚓在形成和改良土壤及考古学的历史功绩。此外，达尔文《腐殖土与蚯蚓》一书也详细论述了蚯蚓在世界历史中所起到的作用，概括其来主要有几个方面：一是有助于岩石崩解，主要由于蚯蚓在日常活动中，吞食一些小石粒，此外，其他食物经蚯蚓的消化过程形成了酸性粪，分别从物理和化学两方面对岩石的崩解产生作用；二是有助于土地的腐蚀，地表的剥蚀，尘土的沉积，腐殖土的颜色及细小结果主要归功于蚯蚓的活动；三是有助于古代的遗址的保存及植物生长所需土壤的准备，一般蚯蚓吞食有机物和泥土，经过砂囊研磨、体内消化酶和微生物的作用，消化分解后合成钙盐，连同蚯蚓钙腺排出的碳酸钙可形成黏粒结构。这种黏粒结构土壤具有保水性很强的胶质及水溶性养料，有利于植物生长。

另外，这只是蚯蚓在改良土壤方面的作用，在其他方面也有重要的作用。如，用于饲料、医药、环保等方面。

一、蚯蚓在医药保健方面的应用

我国很早以前就有用蚯蚓及蚓粪治病的记载。蚯蚓在中医学上称为“地龙”，是传统的中药，中医认为蚯蚓具有清热、解毒、镇静、利尿、通络等功用，其性寒，味微咸，具有清热解毒、利尿、平喘、降压、抗惊厥等作用，在《本草纲目》一书中由地龙配制的药方就有40余种，可用于治疗热结尿闭、高热烦躁、抽搐、经闭、

半身不遂、咳嗽喘急、肺炎、慢性肾炎、小儿急慢惊风、癫痫、高血压、风湿、痹症、膀胱结石、黄疸等多种疾病。

近年来，人们运用先进的科学技术对蚯蚓的药用成分、药理作用进行了深入的研究，证明蚯蚓具有多种药理功能。据分析，蚯蚓体内含有地龙素、地龙解热素、地龙解毒素、黄嘌呤、抗组织胺、胆碱、核酸衍生物、B族维生素等多种药用成分。地龙素内主要含有酪氨酸，可扩张支气管，有抗组织胺作用，能缓慢降低血压，促进子宫平滑肌的收缩。

目前，许多科学工作者致力于利用蚯蚓提取“蛋白酶”（又称“博洛克”）的研究。日本宫崎医科大学原恒教授发现“地龙”含有一种能溶解血栓的特殊酵素。日本株式会社大都制药厂生产的“龙心”可以治疗脑血管栓塞、冠状动脉血栓形成、心肌梗死、静脉曲张，以及心绞痛、高血压、糖尿病、肾功能衰竭、风湿性关节炎等多种疾病。清华大学生物科学与技术学院曹跃辉等研究人员与东风制药厂共同开发的“蚓激酶”，经临床试验，适用于治疗各种血栓性疾病、静脉曲张、静脉炎及风湿性关节炎等症。北京大学生命中心用蚯蚓提取物研制成血脂康，经临床试验，疗效甚佳。中国科学院黄福珍研究员与北京康宁医药保健品有限公司合作研制的“福乃康胶囊”是从蚯蚓中提取的活性物质，具有较强抑制肿瘤细胞的能力，从而减少癌细胞的扩散和转移，提高机体免疫功能。

另外，研究发现蚯蚓的浸出液还可用于美容保健。如果将蚯蚓浸出液添加到膏、霜、膜中，可消除雀斑，防止太阳辐射，是很好的保健护肤品。

蚯蚓来源广泛，取材方便，价格低廉，我国民间已积累了不少采用蚯蚓单味或入复方治病的经验。整理研究这些宝贵的经验，不仅为蚯蚓的药用提供了广泛的基础，而且为蚯蚓的综合利用找到了新的途径，利用它为人类的健康事业服务。

（一）抗肿瘤作用

蚯蚓提取液中的某些化学成分对癌细胞具有很强的抑制分化和杀灭作用。这可能是由蚯蚓体液中某些活化因子能解除癌细胞分泌癌凝因子引起的血液高凝状态；或调节 B 细胞的增殖分化，使特异性抗体形成和分泌增加，或激活免疫细胞与癌细胞混合，并激活淋巴细胞直接吞噬、杀伤癌细胞。在这些因子的作用下，从而产生活血祛瘀、去肿瘤的效果。

（二）对放疗、化疗和热疗的增效作用

蚯蚓提取物对放疗有增效作用的原因可能与增强动物体细胞免疫功能及自由基有关。对热疗的增效作用是因为蚯蚓的活性物耐高温，在 56℃条件下不失去活性。由于蚯蚓提取物的增效作用减轻了放疗、化疗、热疗对病人的毒副作用，使病人食欲增加，可提高病人的抗病力。

（三）抗凝和溶栓作用

蚯蚓提取液中纤溶酶可以抑制血小板聚集、抗凝、降低血液黏度，从而阻止血栓的形成。据赵晓瑜等（1998）报道，蚯蚓纤溶酶对动物的凝血酶有一定的水解作用，说明其不仅具备抗凝作用，而且有溶栓作用。

（四）改善血循环作用

蚯蚓的解热碱、嘌呤等有效物质能调节中枢神经系统，使动物体的散热大于产热，使体温下降；或通过某些内感受器反射性地影响中枢神经系统，引起部分内脏血管扩张而使血压下降；或在酸类物质和特殊微量元素的作用下，扩张并疏通明茎海绵体及其他发病部位的血管。故蚯蚓可用于治疗高血压、冠心病、脑血栓、动脉硬化及瘀血、阳痿等疾病。

（五）杀精子作用

蚯蚓体内含的琥珀酸、透明质酸能迅速使精子制动、凝聚，还有破坏精子穿透器官、动力器官及运动器官的功能，从而使精子丧失运动能力。

二、动物性蛋白质饲料

近年来，世界各国畜禽、水产养殖业迅速发展，对动物性蛋白质的需求量越来越大，但由于环境污染，加上对鱼类的滥捕，导致鱼粉等动物性蛋白饲料严重不足。因此，开辟蛋白饲料的新来源已成为迫切需要解决的问题。目前，不少国家发展蚯蚓养殖，并着手进行利用蚯蚓开辟蛋白质饲料新来源的研究。

蚯蚓含有丰富的蛋白质，蛋白质含量可达70%左右，一般分析结果也显示含41.62%～66%的粗蛋白质。我们知道衡量某一种饲料的营养价值高低，除看其蛋白质含量外，还要看其蛋白质的品质如何，即蛋白质的氨基酸种类及其含量、比例，尤其是必需氨基酸的含量。根据报道，蚯蚓蛋白质中含有不少氨基酸，这些氨基酸是畜、禽和鱼类生长发育所必需的，其中含量最高的是亮氨酸，其次是精氨酸和赖氨酸等。蚯蚓蛋白中精氨酸的含量为花生蛋白的2倍，是鱼蛋白的3倍；色氨酸的含量则为动物血粉蛋白的4倍，为牛肝的7倍。

蚯蚓体内还含有丰富的维生素A、维生素B、维生素E，各种矿物质及微量元素。据测定，每100克蚯蚓体内含有维生素B_1 0.25毫克，维生素B_2 2.3毫克。蚯蚓体内铁的含量是豆饼的10倍以上，为鱼粉的14倍；铜的含量为鱼粉的2倍；锰的含量是豆饼或鱼粉的4～6倍；锌的含量为豆饼或鱼粉的3倍以上；尤其是蚯蚓体内磷的利用率高达90%以上。不仅蚯蚓的身体含有大量的蛋白质，蚯蚓的粪粒里也同样含有一定量的蛋白质，日本食品分析中心曾经对蚯蚓粪便进行过分析，在含水量11%时，蚯蚓粪内所含的全氮约3.6%，以此推算粗蛋白为22.5%，因此蚯蚓与蚓粪均可供畜、禽和鱼类食用。用蚯蚓粪做饲料时，添加量一般为15%～30%，不会影响饲料的质量，还会提高猪、鱼等动物的适口性，采用蚓粪饲喂泥鳅、田螺、鲢鱼、鳙鱼、鲤鱼、鲫鱼等，用量80%～100%，鱼类生长良好，成本大幅度降低；在蚯蚓粪里面添加少量化肥等制成的颗粒就是优质的复合肥料，也可作为花肥使用。

用蚯蚓喂养的猪、鸡、鸭和鱼，生长快，味道鲜美，主要原因在于蚯蚓蛋白质含量丰富，而且容易被畜、禽和鱼类消化和吸收。畜禽和鱼均喜欢吃混有新鲜蚯蚓的饲料，混合的用量要根据畜、禽和鱼的种类以及个体的大小而定，以占饲料总重量的5%左右较好，但有时可多达40%～50%。用这种混合饲料喂养幼小的畜、禽和鱼，效果特别好。除了生长快，色泽光洁，发育健壮，不生病或少生病外，死亡率也有所降低。资料表明：在饲料中添加2%～3%的蚯蚓粉饲喂各种动物，猪生长速度可提高74.2%以上；鸡的产蛋量提高17%～25%，生长速度加快30%～100%；鳖可增产30%～60%以上；黄鳝体重增长40%；对虾、河蟹、鳗鱼等名优鱼类，均增产30%以上，饲料成本下降40%～60%。

三、蚯蚓在农业方面的应用

著名生物学家达尔文在《蚯蚓的习性和它对形成植物土壤的作用》一书中写道蚯蚓是农业的犁手，是改良土壤的能手。国内外已有不少学者做过蚯蚓改良土壤的相关研究。

蚯蚓通过不断地纵横钻洞和吞吐排粪等生命活动，不仅能改变土壤的物理性质，而且还能改变土壤的化学性质，使板结贫瘠的土地变成疏松多孔、通气透水、保墒肥沃能促进作物根系生长的团粒结构。近年来，有人研究了蚯蚓对土壤结构形成的速度，通过对其形态、微结构蚯蚓团聚体的性质以及有机和无机复合体的电子显微

镜观察，认为蚯蚓具有较高的水稳定性以及优良的供肥保肥能力，称之为“微型的改土车间”。

实验证明，蚯蚓栖息的周围土壤中，许多无机（盐的）元素如磷、钾、钙、镁等数量增倍。蚓粪中腐殖质含量较之原土提高36%～160%，全氮增加38%～229%，速效氮增加75%～105%，其中速效磷增加20%～68%，速效钾增加19%～36%。

实验证明，蚓粪较之畜粪的磷、钾、钙以及有机物的含量高出数倍，其肥力比畜粪好。蚓粪不仅可以提高土壤的肥力，使栽培的植物生长、发育良好，而且还可增强植物抗病害的能力。

据杨珍基等人试验，在放养蚯蚓的土壤中栽培和种植豌豆谷子、番茄、菜豆、胡萝卜等，具有明显的增产效果。还有人在利用蚓粪做基肥的土壤中种植豌豆、油菜、黑麦、玉米、马铃薯，可增产，豌豆增产3倍，油菜增产6.2倍，黑麦增产0.6倍，玉米增产2.5倍，马铃薯增产1.35倍。

可利用园林中的落果，农村中的秸秆、厩肥、沼气池内容物、废渣、食用菌渣等有机物养殖蚯蚓，甚至还可与养蘑菇、养蜗牛、养猪、养牛等结合起来进行蚯蚓养殖，发展生态农业，不仅提高有机物中氮、碳的利用率，而且由于进行了综合利用，能产生明显的经济效益和社会效益。

四、蚯蚓在治理环境污染方面的应用——化害为利，变废为宝

由于现代工农业的迅猛发展，众多的工业废弃物被排出，造成严重的公害；过度使用农药，污染了成片的农田，人类环境遭到严重污染，直接影响人类的健康，亟待采取保护措施，这已成为国际共同关心的大事。英国与日本等国积极研究处理公害的方法，其中之一就是利用蚯蚓。蚯蚓在地球上分布广、数量多，是一项巨大的生物资源，其分解、转化有机物的能力很强，对于物质循环和生态

平衡具有重要的作用。众所周知，土壤微生物对动物尸体、植物残体的分解起着重要的作用，但是植物的落叶、秸秆、动物的甲壳和角质等，则必须先经过蚯蚓等各种土壤动物的破碎，微生物才能进一步分解。因此，蚯蚓在自然界中大大加速了许多有机物的腐殖质化过程。蚯蚓掘穴松土、破碎、分解有机物，更为土壤微生物的大量繁殖创造了良好的条件，增加了土壤微生物。如果在地球上没有蚯蚓等土壤动物及微生物继续参与动、植物残体的分解、还原，那么就会尸体遍野，其后果是难以想像的。

蚯蚓能分泌出许多特殊的酶类，有着惊人的消化能力。世界上许多国家利用蚯蚓来处理如食品加工、酿造、造纸、木材加工以及纺织等行业的浆、渣、污泥等工业废弃物。据报道，美国加利福尼亚州一个公司养殖蚯蚓 5 亿条，每天可处理废弃物 2000 吨。在日本用蚯蚓来处理造纸污泥已进入实用化的阶段。另外，还可以利用处理畜禽和水产品加工厂的废弃物和废水，如日本利用蚯蚓每月可处理这些废弃物多达 3000 吨，用蚓粪中的微生物群来分解污泥，使之产生沉淀，可以达到净化污水的目的。

在处理城市的生活垃圾和商业垃圾方面，蚯蚓也能起很大的作用。例如加拿大在 1970 年建立了一个蚯蚓养殖场，至今已三十多年，目前每星期可以处理约 75 吨的垃圾。北美也有一个蚯蚓养殖场，可以处理 100 万吨城市生活垃圾和商业垃圾。用蚯蚓处理垃圾，不仅可以节约烧毁垃圾所要耗费的能源，而且经过蚯蚓处理过的垃圾还可以作为农田的肥料，用于增产农作物。

目前，不少国家还利用蚯蚓处理农药和重金属等有害物质。蚯蚓对农药和重金属的积聚能力很强，例如对六六六、DDT、PCB（多氯联二苯）等农药的积聚能力可比外界大 10 倍，对重金属铬、铅、汞等的积聚能力要比土壤大 2.5～7.2 倍。所以，美、英等国在农田或重金属矿区附近的耕作区放养大量的蚯蚓，让农药和有害的重金属富集到蚯蚓的身体里，使已经荒芜了的农田又变得肥沃起

来，（能够）再次用于庄稼种植。

五、蚯蚓在食品方面的应用

蚯蚓蛋白在食品工业中用途也很广泛。近年来，在一些经济发达的国家和地区，如西欧和美国等，食用蚯蚓较普遍。美国的食品公司用蚯蚓制作成各种食品，如专制蚯蚓浓汤罐头和蚯蚓饼干，用蚯蚓沫加苹果做成蛋糕，另外还有蚯蚓烤面包、炖蚯蚓、蚯蚓干酪、蘑菇蚯蚓等。1997 年，在美国纽约市街头出现了食用蚯蚓特餐，这种特餐非常受欢迎。新西兰有人以蚯蚓作为食用的佳品和礼物，互相赠送。在美国和大洋洲、非洲地区的某些国家，用清水和玉米面养蚯蚓 24 小时，让它们排出肠内的泥土，然后剖开洗净、切碎，烹调成菜肴或磨碎制成酱，或制成浓汤罐头，或做成煎蛋饼和苹果汁奇异饼等。蚯蚓作为食品，在我国古代也有记载，但仅在福建和广东一带有人食用。目前，蚯蚓在我国台湾省是个热门的商品，常见的蚯蚓食品有通心粉和地龙糕等，蚯蚓菜肴有地龙凤巢（即蚯蚓炒蛋或爆蛋）、千龙戏珠（即蚯蚓煮鸽蛋）、龙凤配（即蚯蚓炖鸡）等。以蚯蚓为原料制成数十种的烹调菜肴和点心，在当地被称为蚯蚓大餐。

第五节 蚯蚓的发展前景

一、蚯蚓生产的历史及现状

传统的研究和利用都是以野生蚯蚓为主，直到 20 世纪 60 年代，一些国家才开始进行人工饲养蚯蚓，到 70 年代，蚯蚓的养殖已遍及全球。作为一项颇有前途的新兴养殖业，目前许多国家已发展和建立了初具规模的蚯蚓养殖企业，如美国、日本、加拿大、英国、意大利、西班牙、澳大利亚、印度、菲律宾等，有的国家已发展到工厂化养殖和商品化生产。美国目前约有300个大型蚯蚓养殖企业，并在近年成立了“国际蚯蚓养殖者协会”，一些蚯蚓养殖公司正在着手利用养殖蚯蚓来处理大城市的垃圾。日本目前有大型的蚯蚓养殖场200多家，从事蚯蚓养殖的人数达2000余人，全国建立了蚯蚓养殖协会，静冈县在1987年建成1.65万平方米的蚯蚓工厂，每月可处理有机废物和造纸厂的纸浆3000吨，而且还生产蚯蚓饲料添加剂，以满足人工养殖蚯蚓的需要；丘库县蚯蚓养殖工厂养殖10亿条蚯蚓，用于处理食品厂和纤维加工厂的10万吨污泥，化废为肥。《世界农业》1984年第10期报道，在菲律宾，蚯蚓养殖技术已经标准化，一般由蚯蚓养殖公司向蚯蚓养殖户提供种蚓，饲养者把收获的蚯蚓卖给公司，供出口或国内加工及消费。《国外科技消息》在1988年14期报道，英国康普罗斯泰公司建立了一个利用蚯蚓处理猪粪的工厂，将固体的猪粪转化为蛋白饲料，代替鱼粉和大豆用来喂鱼和家禽。目前，每年国际上蚯蚓交易额已达20亿美元。

我国于1979年从日本引进“大平2号”蚯蚓和“北星2号”蚯蚓，这两个品种同属赤子爱胜蚓，其特点是：适应性强，繁殖率高，适于人工养殖。自1980年开始，在全国各省市、自治区进行了试验与推广，曾掀起了一阵养殖蚯蚓热，约有600多个县开展了人工养殖蚯蚓工作，但由于种种原因，大部分已经终止了生产，仅仅一小部分养殖单位和一些科研单位保留了种源。20年来，发展较好的如北京双桥蚯蚓养殖场，利用猪、牛粪养殖蚯蚓，面积达70～100亩[1]，主要利用蚯蚓作为提取治疗脑血栓药的原料，将蚯蚓粪作为草坪和花卉肥料，其产品销往日本、韩国等国家。

1999年7月下旬，中国科学院邀请世界蚯蚓协会主席爱德华兹来我国参观考察，并在北京筹建了世界蚯蚓协会中国分会，为我

[1] 1亩＝1/15公顷。

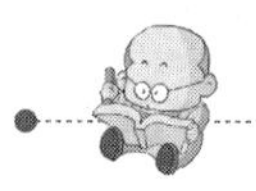

国蚯蚓产品打入国际市场、加入世界经济循环打开了通道，这必将推动我国蚯蚓养殖业的健康发展。

二、蚯蚓养殖前景广阔

改革开放以来，随着人民生活水平的不断提高，人们的膳食结构发生了很大变化，对肉、蛋、奶、鱼等的需求量越来越大。各种养殖业包括特种动物养殖业的迅速发展，对鱼粉、豆饼等各种动物蛋白饲料需求量很大，使得这类饲料的价格大幅度上升，供不应求，每年还需从国外进口豆粕类的饲料。因此，开发新的饲料蛋白源是亟待解决的问题。蚯蚓综合养殖利用正是解决动物蛋白原料来源缺乏的重要途径之一，同时也非常符合我国的国情。蚯蚓不仅可以替代鱼粉，而且实践证明用蚯蚓作为饲料或添加剂来饲养畜、禽及鱼类，可大幅度提高经济效益。

总之，蚯蚓分布广，适应性强，繁殖快，抗病力强，用途广大，养殖的原料十分广泛、廉价，养殖方法简单，经济效益和社会效益也很高。因此，在我国广大农村和城市均可进行蚯蚓的养殖及开发利用。蚯蚓养殖这一项目也将被越来越多的人看好，前景将十分广阔。

第二章 蚯蚓的食物和营养

第一节 蚯蚓的消化系统

了解蚯蚓的消化系统，才能更好地理解蚯蚓的食物是怎样消化，又是怎样吸收的。

蚯蚓的消化系统是由较发达的消化管道和消化腺组成。消化管道由口腔、咽、食道、嗉囊、砂囊、胃、肠（小肠、盲肠、直肠）、肛门所构成。口腔为口内侧的膨大处，较短，位于围口囊的腹侧，只占有第二或第一及第二体节，腔壁很薄，腔内无颚和牙齿，不能咀嚼食物，但能接受、吸吮食物。口腔之后为咽，咽壁具有很厚的肌肉层，它向后延伸到约第六体节处。口腔内壁和咽上皮均覆盖有角质层。咽部具有很多辐射状的肌肉与体壁相连，咽腔的扩大或缩小或外翻均靠肌肉的收缩来完成，便于蚯蚓取食。一些大型陆栖蚯蚓，如正蚓科环毛蚓属和异唇蚓属的种类，在咽的背壁上有一团灰白色、叶裂状的腺体，即咽腺，它可分泌含有蛋白酶、淀粉酶的消化液。可见蚯蚓的咽除具有摄食、贮存食物的功能外，还具有消化作用。

紧接咽后部的细管即为食道。水栖蚯蚓，食道具有钙腺，其形态、数量和位置常随种类而各异。钙腺也是分类上的重要依据之一。通常，钙腺是食道壁左右两侧突出的一对或多对囊状腺体。业已证明，钙腺对酸碱调节具有重要的作用。它能维持消化系统的正常机能，稳定氢离子浓度，有助于消化道内共生的有益微生物的活动，并且对体内二氧化碳的排出也有重要作用。

嗉囊为食道之后一个膨大的薄壁囊状物。它有暂时贮存、湿润和软化食物的功能，也有一定的过滤作用，还能消化部分蛋白质。某些种类缺乏嗉囊和砂囊。

在嗉囊之后，紧接的是坚硬呈球形或椭圆形的砂囊，即所谓的“胃”。有些蚯蚓仅具1个砂囊，占1个或多个体节。通常陆栖蚯蚓均具砂囊。砂囊具有极发达的肌肉壁，其内壁具有坚硬的角质层。在砂囊腔内常存有砂粒。因砂囊的肌肉强收缩、蠕动，可使食物不断地受到挤压，加上坚硬的角质膜和砂粒的碾磨，食物便逐渐变小、破碎，最后成为浆状食糜，便于吸取。因胃壁上具有腺体，能分泌淀粉酶和蛋白酶，故胃是蚯蚓重要的消化器官。

胃之后紧接一段膨大而长的消化管道是小肠，有时又称为大肠。其管壁较薄，最外层为黄色细胞形成的腹膜脏层，中层外侧为纵肌层，内侧为环肌层，最内层为小肠上皮。上皮细胞由富有颗粒及液泡的分泌细胞和长形、锥状的消化细胞组成，可以分泌含有多种酶类的消化液，消化并吸收营养。小肠沿背中线凹陷形成盲道，这有助于小肠的消化和吸收。但水栖种类无此构造。大部分的食物消化和吸收都在肠中进行。

环毛蚓属的种类在第24体节处小肠侧面常有1对盲肠。它与小肠相通，并分泌多种消化酶，例如蛋白酶、淀粉酶、脂肪酶、纤维素酶，几丁质酶等。小肠后端狭窄而薄壁的部分为直肠，一般无消化作用，其功能是促使消化吸收后的食物残渣变成蚓粪并由此经肛门排出体外。

第二节　蚯蚓的营养需要

和其他动物一样，在蚯蚓生命的全过程中，需要蛋白质、脂肪、碳水化合物、矿物质和维生素5大类营养物质。这些营养物质为蚯蚓提供热能，维持其生命活动，或转化为体组织，或参与各种生理代谢活动。任何一类营养物质的缺乏，都会造成生命活动的紊乱，甚至引起死亡。蚯蚓对各类营养物质的需求量是不同的，不同的生长发育阶段和不同的环境条件下对营养物质的需求也是不一样的。

氨基酸是蛋白质的基本单位，分为必需氨基酸和非必需氨基酸。必需氨基酸指动物自身不能合成或合成量不能满足动物的需要，必须由饲料提供的氨基酸。各种动物所需的必需氨基酸的种类大体相同，但因为各自遗传特性的不同，也存在一定的差异。必需氨基酸主要包括赖氨酸、蛋氨酸、色氨酸、苏氨酸、亮氨酸、异亮氨酸、苯丙氨酸等，它们是构建机体组织细胞、组织更新及修复的主要原料，是机体内功能物质的主要成分，当蛋白质摄入已经满足机体需要量时，蛋白质也可转化为脂肪与糖，供应动物机体的能量需求。

脂肪也分为必需脂肪酸和非必需脂肪酸。凡是机体不能合成，必须由饲料提供，对机体正常机能和健康具有重要作用的脂肪酸称为必需脂肪酸。通常有三种：亚油酸、α-亚麻油酸、花生四烯酸。若缺乏必需脂肪酸时，动物就会表现出皮肤损害，出现角质鳞片，体内水分经皮肤损失增加，毛细管变得脆弱，免疫力下降，生长受阻，繁殖力下降，甚至死亡。幼龄及生长迅速的动物反应更敏感。

碳水化合物也称之为糖类，包括单糖、双糖、低聚糖、多聚糖（非纤维素多糖、纤维素等）。常见的单糖有葡萄糖、果糖、半乳糖等，双糖有脂乳糖、蔗糖、麦芽糖，这些都是一些易消化吸收的低糖类，而常见的易消化的多聚糖主要是淀粉。糖类是动物能量的主要来源。

矿物质元素，即体内存在的矿物元素，有一些是动物生理过程和体内代谢必不可少的，这就是营养学中所说的必需矿物元素。必需矿物元素可分为常量元素与微量元素两大类。常量矿物元素主要包括钙、磷、钠、钾、氯、镁、硫 7 种，目前查明必需的微量矿物

元素有铁、锌、锰、铜、硒、碘、钴、钼、氟、铬等12种。矿物质元素在体内具有重要的营养生理功能，以盐形式存在的钙、磷、镁是骨和牙齿的主要组成部分，锌、锰、铜、硒等作为酶以及镁、氯等作为激活剂和激活剂参与体内的物质代谢，碘作为激素的组成（如碘）也参与体内代谢调节等，还有的元素以离子的形式维持体内电解质平衡与酸碱平衡，如钠、钾、氯等。

维生素是一类动物代谢所必需而需求量极少的低分子有机化合物，体内一般不能合成，必须由饲粮提供。它们不是形成机体各种组织器官的原料，也不是能量物质，但它们是维持蚯蚓正常生理机能所必需的一类具有高度生物活性的有机化合物，尽管数量极少，但作用很大，所以称之为维持生命的要素。维生素包括维生素B族、维生素C族等水溶性维生素和维生素A、维生素D、维生素E、维生素K等脂溶性维生素。维生素是辅酶或辅基的成分，参与蚯蚓体内的生化反应，缺乏则会使某些酶的活性失调，导致新陈代谢紊乱而表现出疾病。

第三节　蚯蚓的食物与食量

一、食性

蚯蚓为腐食性动物，在自然界，蚯蚓能利用各种有机物作食物，即使在不利条件下，也可以从土壤中获取足够的营养。蚯蚓的食物主要是无毒、酸碱度适宜、盐度不高并且经微生物分解发酵后的有机物，如禽、畜粪便等，食品酿造、木材加工、造纸等轻工业的有机废弃物，各种枯枝落叶，厨房的废弃物以及活性泥土等。但蚯蚓对苦味、生物碱和含芳香族化合物成分的食物，则很少或者根本不食取。不同种类的蚯蚓对各种食物的适口性和选食性有所差异。在自然条件下，蚯蚓特别喜食富含钙质的枯枝落叶等有机物。

蚯蚓对甜、腥味的食物特别敏感，所以养殖时可适当加进烂水果或鱼内脏等物，增进蚯蚓的食欲和食量。如赤子爱胜蚓喜食经发酵后的畜粪、堆肥，含蛋白质、糖元丰富的饲料，尤喜食腐烂的瓜果、香蕉皮等酸甜食料。

（一）种类

养殖蚯蚓的饲料种类很多，主要有以下几类。

1. 畜禽粪便：如马粪、牛粪、猪粪、鸡粪等。

2. 植物：如稻草、玉米秸、麦秸、树叶、木屑等。

3. 家庭垃圾：如烂瓜果、烂蔬菜、剩余饭菜、各种畜禽鱼内脏等。

4. 农副产品废弃物：如酒糟、果渣、糖渣、食用菌栽培料渣、废纸浆液等。

注意事项：养殖蚯蚓的原料一般要进行堆沤发酵处理，以便蚯蚓取食。

（二）发酵料的配方

1. 发酵原料

粪料主要是牛粪、马粪、猪粪、羊粪、鸡粪、人粪等，草料主要是植物秸秆、茎叶、杂草、水果、蔬菜等，其中以牛粪和稻草效果最佳，猪粪次之，鸡粪比例一般不要超过20%。

2. 配方

配方一：粪料60%，作物秸秆或青草40%；

配方二：粪料70%，作物秸秆或青草20%，麦麸10%；

配方三：牛粪60%，稻草或青草40%；

配方四：猪粪70%，稻草或麦草30%；

配方五：牛粪、马粪50%，玉米秸49%、尿素1%；

配方六：粪料40%，作物秸秆或青草57%；石膏粉2%，过磷酸钙1%；

配方七：人粪尿 70%，作物秸秆或青草 30%；

配方八：牛粪或猪粪 70%，渣肥或青草 20%，鸡粪 10%。

二、食量

不同种类的蚯蚓，其食量也有很大的差异。例如背暗异唇蚓成蚓平均每条每年摄食（干重）为 20～24 克；长异唇蚓成蚓为 35～40 克；红正蚓成蚓为 16～20 克。据报道 100 毫克体重的蚯蚓，每天要吃 80 毫克的食物。通常性成熟的正蚓，每天的摄食量为自身体重的 10%～20%。性成熟的赤子爱胜蚓，每天的摄食量为自身体重的 29%；1 亿条性成熟的赤子爱胜蚓，每日的进食量 40 吨左右，而排出的粪便为 10～20 吨。蚯蚓的进食量与其生长发育阶段、饲料的种类以及所处的环境条件有着密切的关系。养殖蚯蚓时，必须合理配制饲料和科学地投喂，才能达到最佳的效果和较高的经济效益。

第四节　蚯蚓的饲料加工

为了达到丰产和增产的目的，饲养基的制备是关键工作。事实证明，食物类别对蚯蚓丰产和增产有着直接的影响。例如用牛粪羊粪饲养蚯蚓，比以粗饲料和燕麦秸喂养蚯蚓所产的蚓茧数量高出几倍到十几倍。说明以腐烂或经发酵后的来自动物的、含氮丰富的有机物食料（畜禽粪便），比植物性含氮少的有机物食料（如麦秸等）更能促使蚯蚓生长和繁殖。

在选择、制备饲料时还必须注意饲料所含营养的比例，以达到营养成分的相互平衡，包括蛋白质、维生素以及无机盐等营养成分较全面的营养素，使蚯蚓能快速生长和繁殖。一般取粪料（人或猪、羊、兔、牛、马、鸡的粪便，当然也可用食品厂下脚料）60%，各种蔬菜废弃物、瓜果皮和各种污泥（塘泥、下水道污泥等）、草料（杂草、麦、稻、高粱、玉米的秸秆）木屑、垃圾和各种树叶 40%，经过堆沤发酵而配制的蚯蚓饲料，均可取得满意的效果。

蚯蚓对饲料的处理和发酵要求不严格，凡无毒的植物性有机物质，如稻草、麦秸、高粱秆、玉米秆、杂草、树叶等经过发酵腐熟处理，都可作为蚯蚓的饲料。虽然蚯蚓对饲料的要求比较低，但集约化、大规模养殖，饲料必须严格制备。蚯蚓饲料制备过程中最主要的环节是饲料有机物必须充分发酵腐熟，使之具有细、软、烂、营养丰富、易于消化、适口性好等特点。如果投放未经发酵腐熟的饲料养殖蚯蚓，不但蚯蚓拒食，而且未经发酵的饲料会因时间的推移而发酵，由此而产生高温（60～80℃）和释放出大量有害的气体如氨气、甲烷等，引起蚯蚓大量死亡。禽畜粪便，如鸡粪、兔粪等，由于含有大量的蛋白质和氮，其情况尤为严重，更应充分发酵腐熟后再投放使用。但是应该注意的是，作物秸秆和粗大的有机废物应该先切碎；垃圾则应分选过筛，以除去金属、玻璃、塑料、砖石或炉渣，再经粉碎。家畜粪便及木屑直接可以进行发酵处理。通过对饲料的发酵促进有机质分解腐熟。饲料发酵的难易及时间长短，与有机物的种类、水分含量和堆积方法有关。一般碳氮比例适宜和含氮较高的有机物比较容易发酵，发酵的时间较短；多种物质混合容易发酵，单一物质发酵较难；水分适当，堆积疏松时容易发酵，过干以及堆积过实发酵较难。通常马粪等动物粪便比较容易发酵，稻草、麦秸以及木屑发酵较难，这些难以发酵的物质可以和粪便、果皮等容易发酵的物质混合发酵。

一、发酵的流程

1. 原料的发酵前处理方法

① 捣碎牛粪、猪粪等畜禽粪便。

② 粉碎杂草、树叶、稻草、麦秸、玉米秸秆等植物类原料，

铡切成1厘米左右大小。

③ 将蔬菜、瓜果切剁成小块。

④ 剔除碎石、瓦砾、金属、玻璃、塑料等有害物质。

2. 发酵条件

① 温度　温度对发酵原料堆的分解发酵有重要影响。微生物适宜生活温度为15～37℃，其中好气性微生物生活的最适温度为22～28℃，兼气性微生物生活的最适温度为37℃左右，耐热微生物生活的最适温度为50～65℃。

② 原料含水量　含水量控制40%～50%，即堆积后堆底边有水流出。

③ pH值　微生物对酸碱度反应十分敏感，因此过酸或过碱对发酵均不利。pH值一般在6.5～8.0。过酸可添加适量石灰，碱度过大可用水淋洗。

3. 堆制发酵

① 预湿　将草料浸泡吸足水分，预堆10～20小时，干畜禽粪同时淋水调湿、预堆。

② 建堆　先在地面上按2米宽铺一层20～30厘米厚的湿草料，接着铺一层厚约3～6厘米的湿畜禽粪；然后再铺厚约6～9厘米的草料、3～6厘米的湿畜禽粪。这样一层粪料、一层草料交替铺放，直到铺完为止。堆料时，边堆料边分层浇水，下层少浇，上层多浇，直到堆底渗出水为止。料堆应松散，不要压实，料堆高度宜在1米左右。料堆成梯形、龟背形或圆锥形，最后堆外面用塘泥封好或用塑料薄膜覆盖，以保温保湿。

③ 翻堆　堆制后第二天堆温开始上升，4～5天后堆内温度可达60～75℃。待温度开始下降时，要翻堆进行第二次发酵。翻堆时要求把底部的料翻到上部，边缘的料翻到中间，中间的饲料翻到边缘，同时充分拌松、拌和，适量淋水，使其干湿均匀。第一次翻堆1周后，再做第二次翻堆，以后隔4～6天各翻堆一次，共翻堆

3～4 次。

4. 注意事项

① 冬季要注意选择温暖、避风寒的地方堆料，夏季要注意料堆避免阳光直晒。

② 冬季堆沤时，因气温降低，应将饲料堆踏实，以减少空气流通，调节发酵速度。

③ 料堆发酵过程中出现料面塌陷时，要及时用周围的原料填平凹处，以防雨水渗入。

二、发酵饲料的处理

1. 鉴定

饲养料发酵 30 天左右，发酵腐熟。鉴别标准如下。

（1）无臭味、无酸味。

（2）色泽为茶褐色。

（3）手抓有弹性，用力一拉即断。

（4）有一种特殊的香味。

2. 投喂前的处理

① 将发酵好的饲养料摊开混合均匀，然后堆积压实，用清水从料堆顶部喷淋冲洗，直到堆底有水流出，清除有害气体和无机盐类、农药等有害物质。

② 检查饲料的酸碱度是否合适。一般 pH 值在 6.5～8.0 都可使用。过酸可添加适量石灰，碱度过大可用水淋洗。

③ 含水量可控制在37%～40%左右，即用手抓一把饲料挤捏，指缝间有水即可。

3. 试喂

使用前，先用少量蚯蚓试验饲养，经 1～2 昼夜后，如果有大量蚯蚓自由进入栖息、取食、无任何异常反应，即可大量正式投喂。否则，说明原料腐熟不完全，要继续发酵后才能使用。

4. 饲料厚度

一般为18～20厘米，冬季可厚到40～50厘米。

为了让读者更进一步了解饲料基料的准备，现在更详细地将上述饲料发酵腐熟前的加工和堆沤发酵饲料的条件介绍如下。

（1）饲料发酵腐熟前的加工

蚯蚓的饲料，一般可分为基础饲料和添加饲料两种：前一种是蚯蚓必需的，是长期栖息和取食的基本饲料；后一种是为蚯蚓补充基础饲料消耗的饲料，是在养殖蚯蚓时向饲育箱、床内投放、补充的饲料。无论是基础饲料，还是添加饲料，在堆制发酵前，必须首先进行加工。如植物类的杂草树叶、稻草、麦秸、玉米秸秆、高粱秆秸等一般要铡切、粉碎成1厘米左右长短；蔬菜瓜果、禽畜下脚料等要切剁成小块，以利于发酵腐败；生活垃圾等有机物质，必须进行筛选，剔除碎砖瓦砾、橡胶塑料、金属、玻璃等无机废物和对蚯蚓有毒、有害的物质，然后进行粉碎。

（2）堆沤发酵饲料的条件

养殖蚯蚓的饲料发酵方法较多，一般多采取堆沤的方法。这种堆沤的方法简便易行，而且可大规模进行。但在饲料堆沤时必须具备以下条件。

第一，在速成堆沤饲料时，必须要注意有良好的通气条件，因为分解饲料中的有机物质主要依靠好气性细菌分解发酵，有良好的通气环境，氧气供应充足，可促进好气性微生物的生长繁殖，这样就可以大大加快饲料的分解和腐败。为了有利于饲料堆沤的通气，一般常采用粪料占60%，草料占40%相互混合堆沤。在堆沤饲料时，通气情况往往与饲料堆沤时的堆积疏密以及饲料中所含水分多寡有关。一般在堆积饲料的周边空气流动好，分解发酵腐熟也较快，而在饲料堆中心部分，由于空气流动差，并且发酵中会产生更多的二氧化碳，而氧气极少，不利于好氧微生物的活动和繁殖，中心部分的饲料分解缓慢，往往不完全或不分解发酵，因此在堆沤饲料时最好翻堆1～2次，使空气流通，加速分解发酵。冬季堆沤饲料时，往往因气温较低，加之空气易于流通，饲料堆的温度不易上升，发酵不完全，不易腐熟，因此在堆沤饲料时应将饲料堆踏实，喷灌水，以减少空气流量，调节发酵速度。

第二，在堆沤饲料时，饲料堆应保持湿润，要有适当的水分，因为通常微生物活动和繁殖喜欢松湿的环境。速成堆沤的饲料堆发酵最适水分为60%～80%，在配制时可以手握饲料，其水分可点滴流下，或以木棍插入饲料堆内，棍端湿润为宜。水分过多或过少均会影响饲料分解发酵的速度。饲料堆里水分含量达80%～95%时，有利于厌氧性微生物生长和繁殖，而不利于真菌和放线菌的生长和繁殖。饲料堆的水分在50%～75%，适宜于真菌和好气性纤维分解菌的活动和繁殖，水分含量较低时有利于分解木质素的真菌活动。饲料堆内的水分为10%时，分解作用即停止。可见各种微生物细菌的活动和繁殖是需要大量水分的。当饲料堆沤发酵腐熟完成后，通常要补充水分，以防止料堆干燥而引起硝化作用。因为饲料堆干燥常生成氨而挥发掉，但是腐熟后的饲料堆补充水分也不能过多，以免饲料堆的氮素流失，影响饲料的营养价值。

第三，在堆沤发酵饲料时，要充分考虑到为分解发酵的微生物所需要的营养。一般的混合饲料都含有足够的碳素和磷钾，而相对缺少微生物必需的氮素，所以要在饲料堆中适当添加水溶性氮素，如硫酸铵、尿素和石灰氮等。一般添加量为0.3%。如果在饲料堆中添加硫酸铁，则应另加等量的石灰，中和因有机物分解而产生的各种有机酸，这样更有利于微生物的生活环境。添加氢氧化钙时则不需另外加石灰来中和。添加尿素，无需另外加别的物质，因为尿素产生的酸性极其微弱，几乎对酸度无影响。硝酸盐类不适宜作为氮源来添加，因为其还原作用往往会损失掉许多氮素，不经济合算。

第五节 蚯蚓的饲养方法

根据养殖的目的以及养殖规模，采取不同的饲料投喂方法，例如混合投喂法、开沟投喂法、分层投喂法、下层投喂法、侧面投喂法等。

一、混合投喂法和开沟投喂法

混合投喂法就是将饲料和土壤混合在一起投喂。这种投喂方法，大多适用于农田、园林花卉园养殖蚯蚓。一般在春耕时结合给农田施底肥，耕翻绿肥；初夏时结合追肥以及秋收秋耕等施肥时投喂。这样可以节省劳力一举两得。开沟投喂法采取在农田行间、垄沟开沟投喂饲料，然后覆土。一般在农田中耕松土或追肥时投喂饲料，也可以收到较好的效果。

二、分层投喂法

包括投喂底层的基料和上层的添加饲料。为了保证一次饲养成功，对于初次养殖蚯蚓的人来说，可先在饲养箱或养殖床上放10～30厘米的基料，然后在饲养箱或养殖床一侧，从上到下去掉3～6厘米的基料，再在去掉基料的地方放入松软的菜地的泥土。初养者把蚯蚓投放在泥土中，浇洒水后，蚯蚓便会很快钻入松软的泥土中生活，如果投喂的基料十分良好，则蚯蚓便会迅速出现在基料中，如果基料不适应蚯蚓的要求，蚯蚓便可在缓冲的泥土中生活，觅食时才钻进基料中。这样可以避免不必要的损失。基料消耗后，可加喂饲料也可采取团状定点投料、各行条状投喂和块状投喂等方法。各种方法各有其优点。如采用单一粪料发酵7～10天，采取块状方法投喂饲料。在每0.3平方米养殖800条赤字爱胜蚓的饲养面积上，饲料厚18～22厘米，20天左右可加料1次。加料时即把饲养面上陈旧饲料连同蚯蚓向饲养箱的一侧推拢，然后再在推出的空地上加上经过发酵后的奶牛粪。一般在1～2天内陈旧料堆里的蚯蚓便会纷纷转入到新加的饲料堆里。采用这种投料方法，可以大大地节省劳动力，并且蚓茧自动分清。在陈旧料堆中的大量卵茧可以集中收集，然后再另行孵化。

三、上层投喂法

将饲料投放于蚯蚓栖息环境的表面。此法适用饲料的补充，也是养殖蚯蚓时常用的方法之一。当观察到养殖床表面粪化后，即可在上面投喂一层厚5～10厘米的新饲料，让蚯蚓在新饲料层中取食、栖息、活动。这种投喂方法便于观察蚯蚓食取饲料的情况，并且投料方便。不过新饲料中的水分会逐渐下渗，位于下方的旧料和蚓粪中的水分较大，蚓茧会逐渐埋于深处，对其孵化往往不利，为避免这种情况发生，可在投料前刮除蚓粪。

四、料块（团）穴投喂法

即是把饲料加工成块状、球状，然后将料块固定埋在蚯蚓栖息生活的土壤内，这样蚯蚓便会聚集于料块（团）的四周而取食。这种投料方法便于观察蚯蚓生活状况，比较容易采收蚯蚓。

五、下层投喂法

即是将新制作好的饲料投放在原来的饲料和蚓粪的下面，可在养殖器具一侧投放新的饲料，然后再把另一侧的旧饲料覆盖在新的饲料上。采用这种方法投喂蚯蚓，有利于产于旧饲料和蚓粪中的蚓茧孵化，而且由于新的饲料投入到下层，蚯蚓都被引诱到下层的新饲料中，这样很便于蚓粪的清除。不过这种投喂方法也有其缺点，往往因旧料不清除，而蚯蚓取食新添加的饲料又不十分彻底，常造成饲料的浪费。

不管采用哪种投喂方式，其饲料一定要发酵腐熟，绝不能夹杂其他对蚯蚓的有害物质。可因地制宜，根据饲养方式、规模大小、养殖目的和要求来投喂饲料，更重要的是要根据不同蚯蚓的生活习性来投放和改进投喂饲料的方法，以达到省料、省力、省时和能取得较高经济效益的目的。

第三章 蚯蚓的引种

人工养殖蚯蚓的蚓种，通常有两个来源，一是从人工养殖的蚓种中选种引入；二是从野外采集蚓种进行人工培育、繁殖。前者往往有现成的养殖经验或有关资料可供借鉴，因而养殖较容易获得满意的结果。

第一节 引种的准备和蚯蚓良种

一、引种的准备

引种主要指从外地养殖场或蚯蚓种场直接购进。投资蚯蚓项目前期准备工作包括以下内容。

（一）场地的准备

蚯蚓的养殖方法较多，有简易养殖法、田间养殖法和工厂化养殖法。但是，饲养蚯蚓的场地一定要选择靠近水源，交通便利的地方。农村可利用庭院、村旁或林间空隙地等进行养殖。场地应排水良好，不能有积水，且能防水浸、雨淋，要求没有噪声、烟气、煤气，通风要良好，无直射阳光，远离使用农药的田地，并且还应注意防止天敌的危害。

（二）设施的准备

蚯蚓的养殖设施较为简单，主要在冬季要注意保温设施。

（三）技术的准备

蚯蚓的养殖技术主要靠养殖者从报刊书籍和实践中不断探索学

习，不断提高、丰富饲养技术。

（四）种源知识的了解

引种前要全面了解蚯蚓供种货源，掌握蚯蚓的基本知识。坚持比质、比价、比服务的原则，坚持就近购买的原则。

二、蚯蚓的品种

蚯蚓良种跟作物一样，优良的品种是高产的最基本条件。目前，高产蚯蚓的品种有如下几种。

① 大平 2 号（自日本引进）。大平 2 号与赤子爱胜蚓同属一种。

② 北星 2 号。北星 2 号与赤子爱胜蚓同属一种。

③ 赤子爱胜蚓（俗名红蚯蚓）。

④ 威廉环毛蚓（俗名青蚯蚓）。

⑤ 野生蚯蚓。

日本大平 1 号、大平 2 号、北星 2 号、北京爱胜蚓等品种，耐热耐寒，抗病力强等，目前国内几乎都养殖这几个品种。

但是，过去由于养殖技术落后，让蚯蚓一直祖孙同堂混养在一起而引起近亲交配，引起蚯蚓品种严重退化。退化的蚯蚓表现在：①繁殖率低，年增殖率在 100 倍以下；②生长缓慢，从幼蚓至成蚓约需 6 个月；③饲料利用率低，每立方米牛粪仅能生产蚯蚓 3～5 千克左右；④挑食现象严重等。

三、引种注意事项

很多养殖户购买蚯蚓后，由于运输及安置的处理方法不得当而导致蚯蚓出现外逃，甚至出现死亡。出现这种情况时，可将水葫芦或水浮萍，稍加切断在地面铺 20 厘米左右，将引入的蚯蚓均匀地撒在上面，然后投放一些水果、稀饭或蔬菜，并盖上稻草或其他的植物秸秆覆盖保湿即可。若晚上出现外逃现象，可吊一盏白炽灯，光照防逃。发酵好粪料后即可开展正常的养殖、管理。

一年四季都可以引种蚯蚓，但是以春季和秋季较好，因为春季和秋季的气温适中，有利于运输，也有利于蚯蚓更快更好地适应新的环境。在引种的时候特别注意要尽量避免高温、高寒以及温差较大的时节。

第二节　蚯蚓的繁殖特性

蚯蚓是雌雄同体，但繁殖时通常是异体交配，少数品种也有自体交配现象，称为处女生殖。在自然条件下，除了严冬或干旱之外，一般从春季到秋末的暖和季节都能够繁殖。我国南方热带和亚热带地区以及北方人工保温养殖的条件下，一年四季都能够繁殖。蚯蚓的交配行为发生于地表或地下、饲料表面或饲料中，多在夜间进行。在地面或饲料表面有遮荫时，也可发生在白天。交配时，两个体头端彼此反向，各以腹面相对，双方的腺体强烈地分泌黏液，借生殖带分泌的黏液紧贴在一起，有的蚯蚓彼此还以长而细的刚毛插入对方的体壁，以紧密接触。各自的雄性生殖孔与对方的受精囊孔相对，交换精液，交配时间约需 2 小时，受惊也不马上拆开。精子在储精囊中可储存 3 个月以上，即交配一次可 3 个月不必再进行交配。交配后，一般经过1～12 天后可产卵，也有少数立即产卵者。生殖带分泌黏稠的物质于生殖带外形成黏液管，卵排入管内，在虫体向后移动时，受精囊内的精子释放与卵结合成受精卵。最后虫体从黏液管退出，黏液管两端封闭，形成卵茧。一般受精是在卵茧内进行，个别的种在体内受精。卵茧的数量随种类、气候、营养状况不同而异。一般情况下，个体一年多者可产 79 个茧，一般可产 27 个，最少的可产 3 个，每个卵茧中有小蚓 1～7 条。卵茧的形状及大小，根据蚯蚓的不同而有较大变化。通常有椭圆形、卵圆

形、球形、麦粒形。大小有如黄豆、小豆、麦粒，甚至有如小米一样，直径为2～7.5毫米。受精通常是在卵茧产下后，在其中进行的。剖开卵茧，把内容物放在载玻片上，在显微镜下观察，可以在蛋白质中看到被精子包围的卵子。但是有些种类的卵可以在没有受精的情况下发育。例如，背暗异唇蚓和红色爱胜蚓中，有少数不受精而进行处女繁殖的个体。但大部分卵没有受精时不能进行发育。受精卵细胞从开始发育就进行多次分裂。卵分裂过程产生两层由细胞组成的胚层。由大细胞构成的底层，即是未来的肠细胞，开始吸收卵茧内的蛋白质，然后形成球形幼虫。它具有口、咽喉和肠腔，但没有肛门。幼虫借纤毛的摆动作用把蛋白液压入肠内。在咽喉和肠之间有一个特殊的瓣膜，像活门一样使蛋白液不能从里面反流出来。吸入的蛋白液可完全被肠细胞吸收，因此不需要供排泄用的肛门。球形幼虫逐渐延长并慢慢具有蚯蚓的形状，身上出现明显的体节，前部体节较大，后部逐渐变小。而身体背面的发育比腹面慢，因此胚胎伸长时，身体强烈地向背面弯曲，形成弯钩的形状。在茧内发育的后一阶段，幼虫借纤毛的帮助，开始在茧内移动。卵茧蛋白随着胚胎的发育而变淡。在球形幼虫期，由于胚胎分泌酶的作用，在它的四周，蛋白就由稠逐渐变稀，便于肠的吸收，而在发育后期，幼蚓就在透明的容易流动的液体中生活，茧膜也逐渐半透明甚至完全透明。通过茧膜，在放大镜下可以看到幼蚓背部红色血管中血液流动的情况。幼蚓发育成熟后就从卵茧的封口爬出来。孵出的幼蚓，长度为5～15毫米。

第三节　怎样挑选引进品种

根据不同地区、不同需要、不同条件、不同的养殖目的而选择不同品种的蚯蚓。

一般选择易养、易繁殖，能适合当地土壤、气候条件的蚯蚓。如菜园、果园、苗圃较多的地区，可选择青蚯蚓养殖，结合大田种植，既能改良土壤提高肥力，促进植物增产，又可收获蚯蚓动物蛋白饲料。如果旧房多、荒地多、土地少的地区，以及城镇居民，可选择红蚯蚓养殖，利用有机废物，进行饲养。目前，我国人工养殖的蚯蚓种类主要是赤子爱胜蚓和威廉环毛蚓。赤子爱胜蚓，个体中偏小，生长期短，繁殖率高，食性广泛，易饲养，便于管理，蛋白质含量高，可作人类食品。威廉环毛蚓，个体中等大小，分布广，生长发育较快，个体粗壮，抗病力强，适于大田养殖。

一、一般用蚯蚓

可采用环毛蚓、背暗异唇蚓、赤子爱胜蚓、红正蚓等，这些蚯蚓生长发育快。

二、药用蚯蚓种

一般多用直隶环毛蚓、秉氏环毛蚓、参环毛蚓和背暗异唇蚓等，参环毛蚓，又名广地龙。该品种个体较大，长120～400毫米，直径6～12毫米，背面紫灰色，后部颜色较深，刚毛圈稍白，喜南方气候，食肥沃土壤。

三、改良土壤用蚯蚓种

一般多选择微小双胸蚓、爱胜双胸蚓等。沙质土壤，可选湖北环毛蚓。

四、生产蚯蚓肉、蚯蚓粪

这种蚯蚓为爱胜属类，较常见的是赤子爱胜蚓，全身80～110个环节，环带位于第25～第33节。自第4～第5节开始，背面及侧面橙红或栗红色，节间沟无色，外观有明显条纹，尾部两侧姜黄

色，愈老愈深，体扁而尾略成钩状，适宜我国多地区养殖，喜吃垃圾和畜禽粪。

五、产粪肥农田

这种用途的蚯蚓品种主要有白茎环毛蚓，体长80～150毫米，直径2.5～5毫米，背部中灰色或栗色，后部淡绿色，腹面无刚毛，喜南方气候和在肥沃的菜地、红薯田中生活，松土、产粪，肥田效果较好。

六、作水产饵料

代表品种有湖北环毛蚓等。该品种长70～220毫米，直径3～6毫米，全身草绿色，背中线紫绿或深绿色，常见一红色的背血管，腹面灰色，尾部体腔中常有宝蓝色荧光。环带三节，乳黄或棕黄色，喜潮湿环境，宜在池、塘、河边湿度较大的泥土中生活，在水中存活时间长，不污染水质。

七、林业用蚯蚓

该类蚯蚓主要有威廉环毛蚓，长90～250毫米，直径5～10毫米，背面青灰、灰绿或灰黄色，背中线青灰色，喜在林、草、花圃地下生活，产粪肥田。

第四节　怎样捕捉野生蚯蚓

一、采集时间和时机

一般采集时间：北方地区为6～9月；南方地区为4～5月和9～10月。

采集时机：尽量选择阴雨天采集。

二、野外蚯蚓诱集方法

（一）选择场地

操作场地一定要选择在野生蚯蚓资源丰富的地方，如自留地、河滩边、无水田地里、田地基边、竹林、树荫下等。采集的品种是喜欢动物粪便的蚯蚓，如威毛环廉蚓、黑跳跳蚓、赤子爱胜蚓等。确定野生蚯蚓是否丰富的简单方法是：用耙往需要查看的地方下挖30厘米，在5千克的土壤中有10条以上的中大个体的野生蚯蚓，就可以确定。

（二）调制引诱粪料

最好使用牛、马粪，其次是猪粪（垫草的粪，如果是纯猪粪，需要加入40%的草料或农贸市场的有机垃圾），每吨粪先用5千克EM进行充分发酵合格。在每吨粪中加入800千克的菜园土，混匀。并把3千克尿素、5克糖精、15毫升菠萝香精、0.5千克醋精倒进150千克干净的水中，溶解后均匀地泼入粪堆中。把粪再堆起来再发酵一星期，调制完成备用。

（三）开挖收集坑

在野生蚯蚓十分丰富的地方挖一个宽1米、长不限（根据环境位置而定）、深0.5米的一个或多个坑。挖坑时如果发现坑内会有水渗出或积水，则不能使用。

（四）填料

先在坑底铺一层5厘米厚的菜园黑土，接着在黑土上铺上40厘米厚的发酵调制粪料，最后再在粪料上加一层5厘米厚的菜园黑土。

填铺完后，需要在粪堆上盖上一层10厘米厚的稻草或草垫。如果是夏天，在稻草或草垫上用遮阳网进行遮阳；如果是冬季，在稻草或草垫上用农膜进行防寒。

盖完稻草或草垫后马上淋一次水，最好是洗米水或酒糟水（1千克酒糟兑8千克水），以后夏天每3天、冬季每7天淋一次洗米水或酒糟水，防止鸡等动物进行破坏和积水。北方地区要加厚覆盖草料和农膜（要在天冷前做好，野生蚯蚓会选择这里进行越冬）。

（五）采收

第一次采收是在放料后的第20～第30天。先检查里面的蚯蚓数量，如果里面没有蚯蚓，说明粪料有问题，如果里面只有极少量的蚯蚓，说明蚯蚓才刚刚开始进入，需要过一段时间后再采收。

发现里面有较多的蚯蚓后，就可以收取。收取时，先把料堆分成15段来收取，每天收取一段，15天为一个循环周期。收取的方法是用耙子挖，取大留小，每取完一段，要把稻草或草垫重新覆盖好，并淋一次洗米水或酒糟水；第二天取第二段，如此重复收取。

投料一次可利用约半年之久，当发现蚯蚓越来越少时，就需要重新填入粪料或改变场地。

第五节　蚯蚓的运输

大、中蚓对湿度要求高，耗氧量相应亦大，箱内载体的含水率也应偏高，气孔率也应偏大；而小蚓、幼蚓体弱，生理活动能量较低，对载体湿度及气孔率要求不像大、中蚓那样高。运输的距离远、装运量大时，必须进行合理包装运输。

一、短距离运输

可在容器内装入潮湿的饲料或用养殖床上所铺的草料当填充物，然后放入蚯蚓。

二、长距离运输

可用泥和碳作填充物或用养殖床上所铺的草料当填充物，外包以纱布，放入适当大小的容器内，然后放入蚯蚓。

三、邮包邮寄

少量的蚯蚓可装入铁盒或塑料筒，内装潮湿的草料，通过邮局邮寄。

四、分巢式载体的装运

即按蚯蚓大、中、小等级和生态要求的不同，进行对号选巢穴载体装运。这样，对于批量长途运输和长期贮存都安全可靠，甚至在长达数月的常温季节内不开箱也不会发生任何死亡现象，而大的蚯蚓还会繁殖和正常生长。

蚯蚓载体的制作方法如下。用于大中蚓栖息载体的，在菌化的牛粪中掺入3%的豆饼粉和5%的面粉，拌匀，并加适量淘米水反复揉捏，使之达到可粘成团（含水率约65%），用手捏成大小如鹅蛋的圆团，并滚上一层麦麸或存放数年以上的阔叶树枝末。用于小幼蚓栖息载体的，菌化牛粪中掺入适量营养液拌匀，并反复揉搓，是其成含水率约为40%的泥状小块团（直径大小约2～3厘米）。

五、注意事项

保持适宜的湿度和通气条件。到目的地后要除去死蚓和病蚓，尽快提供良好的生活条件。

第六节　新引进蚯蚓的隔离观察

动物疾病的预防是养殖业生产得以正常进行的基本保证，总体目标就是要防止病原微生物以任何方式侵害动物，以保持动物处于最佳的生产状态，以获得最佳的经济效益。新引进的蚯蚓种为了防止疾病的传播，需要先隔离观察一段时间。

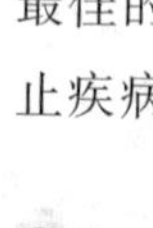

疾病的传播方式与传播途径多种多样，其中引种就是疾病传播的一种潜在的危险因素。一般在选种时我们都是选择健康，表面看起来没什么异常，活泼好动的甚至体格硕大的蚯蚓种。但表面没有任何症状的蚯蚓种也可能是某种病原微生物的携带者，病原微生物在动物体内生长繁殖，并能随着排泄物排出动物体外而感染其他的动物。

我们知道，病原微生物要达到一定的数量及足够的毒力，才能使动物发病，而且同种动物不同的个体对病毒的免疫能力是不一样的。新引进的蚯蚓种可能当时不会表现发病，但经过一定的时间，病原微生物在新引进蚯蚓的体内繁殖，当病原微生物达到一定的数量及足够的毒力，蚯蚓就可能发病，甚至会导致蚯蚓的大量死亡，病情可能就会蔓延到整个养殖场，造成严重的后果。所以新引进的蚯蚓种要隔离观察几天，防止新的疾病传入自己的养殖场。

第四章 合格蚯蚓养殖场的建造

确定养殖规模后，养殖场地选择得好，适合蚯蚓的生长，蚯蚓受外界影响就少，蚯蚓就能长势好，生长快；再者，场地选择得当，交通方便，运输畅通无阻，购买、运输饲料方便，也不会妨碍及时出售蚯蚓，同时也会吸引更多的商家直接来场地订购，销路就会更广更稳定。所以在选择场地时不仅仅要考虑其占地的规模、场区内外环境、生产与饲养管理水平，还要考虑市场与交通运输。场地的选择不当可导致其在经营过程得不到理想的经济效益。

第一节 蚯蚓养殖的选址

蚯蚓养殖场的选择，也应该根据蚯蚓的生活习性的要求、生产实际需要及地形、水质、交通运输等选择场址。

蚯蚓的生活习性要求：蚯蚓喜温、喜湿、喜暗、喜透气、怕光、怕盐、怕震，昼伏夜出等习性，为了适应蚯蚓的生活习性，首先其养殖场应选择在自然环境安静、冬暖夏凉、背向太阳、通风、排水良好的地域。其次蚯蚓不能生活在盐度高的水域中，会因缺水而慢慢死亡。在空旷的地方建养殖场，必须尽可能地种树木、瓜果等植物，改善生态环境，有利于蚯蚓生活环境。

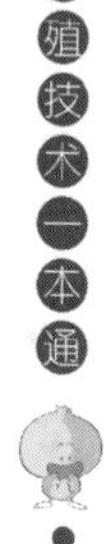

生活环境要求：人们越来越意识到生活环境对动物的健康与生产性能的影响。如噪声可对动物的神经系统发生危害，动物出现烦躁不安，神经紧张。因此，工厂、铁路、公路干线等人类活动频繁、声音嘈杂、震动大的地方不宜作养殖场所。

一、场地要求

① 背向太阳、通风、排水良好，以适应蚯蚓喜阴暗，昼伏夜出的习性。

② 场地应能防水浸、雨淋。

③ 无烟气、煤气、烟尘，空气新鲜，避开嘈杂、噪声、震动严重的地方。

④ 无农药和其他毒物污染，并能防止鼠、蛇、蚂蚁等的危害。

二、水质

用水干净、卫生、无污染，最好使用地下水。

三、土质

① 最好使用腐殖土，严禁使用黏土。

② 酸碱度呈中性。

四、其他方面

① 养殖棚舍四季温度应保持在5～35℃的范围内。要保持适当的湿度，可用喷水法调整温、湿度。

② 要防止蚯蚓逃跑，防御蛆、蚂蚁、老鼠、蛤蟆等天敌侵袭，及时收取成蚓、扩充殖床，避免死亡。

第二节　蚯蚓养殖池的建造

用水泥、砖建造水池，长度以方便操作为准，宽150厘米，深80厘米。新池子建好之后，要用水浸泡5天，然后将水放掉，目的是将水泥中的有害物质排除掉。与坑养一样，也在池底放一层5厘米厚的草或树叶，再放入饲料及蚯蚓。注意池上搭一个简易棚子，防雨防晒。

第三节　蚯蚓养殖常用的工具和设备

蚯蚓室内养殖，按照养殖容器的不同，有盆养法、筐养法；室外养殖，常见的有池养法、沟槽养殖法、肥堆养殖法、沼泽养殖法、垃圾消纳场养殖法、园林和农田养殖法、地面温室循环养殖法、半地下室养殖法、塑料大棚养殖法、通气加温加湿养殖法等。

相应的养殖设备可利用花盆、盆缸、废弃不用的陶器等容器；还可利用废弃的包装箱、柳条筐、竹筐等或选择背阴或遮阴的地方挖池、沟或用砖等建筑材料砌池、沟。

若是规模化养殖还需要以下基础设备。

一、饲养场地

在规模化养殖时，可以采用立式养殖方法，这样可以减少场地的占用空间，但是在放置饲育床的室内应设置进气门，在屋顶应设置排气口，以利于气体交换，保持室内空气新鲜。冬季应考虑室内的温度，可采取加温和保温措施，如利用太阳能、附近工厂和热电厂等蒸汽余热或各种加温设施。在养殖蚯蚓的室内要安装照明设施，以供夜间照明，防止蚯蚓逃逸。除上述设施外，在室内还应备有温、湿度表（自记式或直观式）、喷雾器、竹夹、碘钨灯（或卤素灯）、网筛（孔直径为 4 毫米）、齿耙等用具。

二、大棚养殖

大棚养殖也称日光温室养殖，可以使自然采光和人工加温相结合，创造一个恒温条件。养殖棚，其结构与冬季栽种蔬菜、花卉的塑料大棚相似，棚内设置立体式养殖箱或养育床，地面还可种植蔬菜类。

可采用长 30 米、宽 7.6 米、高 2.3 米的塑料大棚。棚中间留

出 1.45 米宽的作业通道，通道两侧为养殖床。养殖床宽 2.1 米，床面为 5 厘米高的拱形，养殖床四周用单砖砌成围墙，高为 40 厘米，床面两侧设有排水沟，每 2 米设有金属网沥水孔。棚架用 4 厘米钢管焊接而成。塑料棚养殖受自然界气候变化影响较大，盛夏高温也可喷洒冷水降温，使棚内空气湿润，也可以采取遮光降温，将透明白色塑料薄膜改用蓝色塑料薄膜，在棚外加盖苇席、草帘等，还可在棚顶内加一隔热层，或采用通风降温等方法。

其他设备：温度计和湿度计、塑料盆（不同规格，放置饲料用）、喷雾器或洒水壶（用于调节饲养房内湿度）等。

第五章 蚯蚓的养殖方法

第一节 蚯蚓的人工养殖品种

蚯蚓的人工养殖品种有以下一些。

（一）赤子爱胜蚓

赤子爱胜蚓属于正蚓科，爱胜蚓属。商品名北星2号、大平2号。其主要特征为：体长30～130毫米，一般短于70毫米，体宽3～5毫米。身体呈圆柱形，体色多样，一般为紫色、红色、暗红色或淡红褐色。成熟时体重一般每条为0.5克左右。

一般说来，其背孔从第4～第5（有时第5～第6）节间开始。生殖带一般位于第24～第32节（或第25～第33节）。性隆脊位于第27～第31节。刚毛紧密对生。雄孔1对，在第15节，有大腺乳突；雌孔1对，在第14节腹部的外侧，受精囊2对，位于第9～第10节、第10～第11节。砂囊大，位于第17～第19节。贮精囊4对，在第9～第12节，末对最大。其卵包较小，呈椭圆形，两端延长，一端略短而尖，每卵包内可有2～6条幼蚯蚓，多数为3～4条，由于人工养殖的发展，其分布已遍及全国。

该种趋肥性强，在腐熟的堆肥及腐烂的有机质（纸浆与污泥）中可发现，繁殖力强，一年能增殖20～40倍，十分适合人工养殖。本种在我国有好几个品种。

1. 北京条纹蚓

由中国农业科学院在北京地区从野外的爱胜蚓中选育出来的。

本品种适应性强，繁殖率高，喜食纸浆泥、畜粪、蘑菇渣等有机质，要求湿度为70%～80%。

2. 重庆赤子爱胜蚓

由重庆第一师范学校选育出来的优良品种，适于人工养殖。

3. 眉山赤子爱胜蚓

由重庆第一师范学校选育出来的优良品种，适于人工养殖。

4. 大平2号

是由美国红蚯蚓与日本花蚯蚓杂交而成的。生长快，成熟早。寿命可达3年以上，比一般的蚯蚓长3～4倍，繁殖力高达300～600倍，每条鲜重0.5克左右。生育期70～90天，趋肥性强，适应性和抗病性都强，饲料来源广泛，饲养技术简单，易为广大群众所掌握。猪粪、牛粪、农家粪肥、稻草、麦草、锯末，以及阴沟、造纸厂、食品厂、屠宰场排出废物的污泥和垃圾等均可作为饲料。

5. 川蚓一号

川蚓一号是由四川省的科研工作者用台湾环毛蚓、赤子爱胜蚓及大平2号品种经多元杂交选育出来的一个新品种，属赤子爱胜蚓。本杂交种的个体均匀鲜红褐色，体长100～200毫米，体宽6毫米左右。其优点是周年可繁殖。产卵多，平均每2天可产1个卵包，每个卵包可孵化4～10条幼蚓，适于推广应用。

（二）红色爱胜蚓

红色爱胜蚓为正蚓科，爱胜蚓属。其主要特征为：体长25～85毫米，体宽3～5毫米。体节120～150个。身体呈圆柱形，无色素。体色呈玫瑰红或淡灰色。

一般来说，其背孔自第5～第6节间开始。环带位于第15、第16～第32节。性隆脊常位于第29～第31节。刚毛较密，对生。雄孔在第15节。贮精囊4对，在第9～第12节。受精囊2对，有短管，开口于第9～第10和第10～第11节间背中线附近。

主要分布在我国华北、东北地区。

（三）红正蚓

红正蚓为正蚓科，正蚓属。主要特征是：体长 50～150 毫米（一般体长在 60 毫米以上），体宽 4～6 毫米。身体呈圆柱形，有时后部背腹扁平。体色呈淡红褐色或紫红色，背部为红色。

一般说来，其背孔自第 5～第 6 节间至第 8～第 9 节间开始。环带位于第 26、第 27～第 31、第 32 节。性隆脊常位于第 28～第 31 节。刚毛较密，对生。雄孔在第 15 节上，不明显。无腺乳突。贮精囊 3 对，在第 9、第 11 和第 12～第 13 节上。

（四）绿色异唇蚓

绿色异唇蚓为正蚓科，异唇蚓属。其主要特征是：体长 30～70 毫米，体宽 3～5 毫米，体节 80～138 个。身体圆柱形，体色多变，常为绿色，或黄色、粉红色、灰色。

一般来说，其口前叶位于口的上方，背孔自第 4～第 5 节间开始。环带位于第 28，第 29～第 38 节。刚毛紧密对生。雄孔在第 15 节上，有隆起的大腺乳突，向前后分别延伸至第 14 和第 16 节。在第 9～12 节上有贮精囊 4 对。受精囊 3 对，开口于第 8～第 9，第 9～第 10，第 10～第 11 节间。

主要分布于江苏、安徽、四川、重庆等省市。

（五）长异唇蚓

长异唇蚓为正蚓科，异唇蚓属。其主要特征是：体长 90～150 毫米，体宽 6～9 毫米。身体呈圆柱形，背腹末端扁平，体色为灰色或褐色，背部微红色。

一般来说，其口前叶位于口的上方，背孔自第 12～第 13 节间开始。环带位于第 32，第 33～第 34，第 35 节。刚毛紧密对生。雄孔在第 14 节上，在第 9～第 12 节上有贮精囊 4 对，前对较小。

受精囊2对，有短管，开口于第9～第10，第10～第11节间。

（六）背暗异唇蚓

背暗异唇蚓为正蚓科，异唇蚓属。其主要特征是体长100～270毫米，体宽3～6毫米，体节93～170节，身体背腹末端扁平。体色多样，暗蓝色、褐色或淡褐色、微红褐色，从环带后到体末端色浅，有时可见微红色。

一般来说，其口前叶位于口的上方，背孔从第7～第8节间开始。环带马鞍形，棕红色，位于第26～第34节。第31～第33节腹侧有二纵性隆脊。每节有刚毛4对，排列紧密而对生。雌孔1对，在第14节腹面外侧。受精囊孔2对，位于第9～第10或第10～第11节间。雄孔大，1对，横裂状，在第15节上。

本种在我国各省、市、自治区都可以找到，生长在潮湿而有机物较多的环境里。此种蚯蚓的抗逆性强，但繁殖率比赤子爱胜蚓低。在我国南方地区，冬天也能照常生活，还能繁殖后代。适合人工养殖。

（七）暗灰异唇蚓

暗灰异唇蚓为正蚓科，异唇蚓属。其主要特征是：体长100～270毫米，体宽3～6毫米，体节118～170个。身体呈暗灰色。

一般来说，背孔从第8～第9节间开始。环带位于第26～第34节，呈马鞍形。刚毛每节4对。雄孔、雌孔各1对。受精囊孔2对，在第9～第10、第10～第11节间沟，无乳头突。在第9～第11节腹刚毛周围腺肿状。砂囊大而长，位于第17、第19节，其前有嗉囊。贮精囊4对，在第9～第12节，前2对较小，发育不全。精巢游离，无精巢囊。受精囊2对，其管极短。

本种主要分布于江苏、浙江、安徽、江西、四川、北京、吉林等省市。

（八）微小双胸蚓

微小双胸蚓为正蚓科，双胸蚓属。体细长，长30～65毫米，宽1.5～3毫米，体节65～106个。背面极少色素，有时略带淡红色，中部为浅灰青色或浅黄色，前端及后端小部分为棕红色或棕色。环带肉红色。

一般说来，其口前叶位于口的上方，背孔自第5～第6节间开始。刚毛细，每节4对。环带马鞍形，位于第23，第24～第30，第31、第32节。性隆脊不明显。雄性生殖孔1对，在第15节腹侧有2个淡黄褐色乳突。贮精囊2对，在第11节和第12节。砂囊大，位于第14～第18节，前端有一嗉囊。

本种分布很广，全国各省区都可以找到。喜欢在湿润而有机质多的环境中生活和繁殖。

（九）日本杜拉蚓

日本杜拉蚓为链胃科，杜拉属。其主要特征是：体长70～200毫米，体宽3～5.5毫米，体节165～195个。无背孔，背面青灰或橄榄色，背中线紫青色。

一般说来，其环带肉红色，位于第10～第13节间。第10和第11节腹面无腺表皮。刚毛每节4对。雄性生殖孔1对，在第10节的后缘。雄性生殖孔1对，在第11～第12节间。受精囊孔1对，在第7～第8节间。在第7～第12节腹面，有不规则排列圆形乳头突，有的也缺少此乳头突。砂囊2～3个，位于第12～第14节。卵巢在第11节前面内侧。受精囊小而圆。

本种分布甚广，我国的华南、华东、华北、东北、西南及长江流域等地都有分布。

（十）天锡杜拉蚓

天锡杜拉蚓为链胃科，杜拉属。其主要特征是：体长78～122毫米，体宽3～6毫米，体节146～198个。

一般说来，其口前叶位于口的上方，背孔自第3～第4节间始，环带位于第10～第13节或分别向前、后延伸至第9和第14

节。刚毛每体节 8 根，对生，较紧密。有阴茎 1 对，位于第 10～第 11 节间沟。雌孔在第 11～第 12 节。受精囊孔 1 对。砂囊 2 个或 3 个，在第 12～第 13 节间。精巢囊在第 9～第 10 节隔膜背侧。受精囊圆形。精管膨部长柱状，可达 2 毫米长，基部有孔突和腺体，基部为青绿色。

本种主要分布于浙江、江苏、安徽、山东、北京、吉林等省、市。

（十一）威廉环毛蚓

威廉环毛蚓属于巨蚓科，环毛蚓属。主要特征是：该种个体较大，成熟个体体长一般在 100 毫米以上，大的可达 250 毫米，体宽 6～12 毫米。体背面为青黄色或灰青色，背中线为深青色，俗称"青蚯蚓"。

一般说来，生殖节（环带）位于第 14～第 16 节上。环带呈指环状，无刚毛。体刚毛较细，前端腹面毛稀而细小。雄孔 1 对，在第 18 节两侧的交配腔内，受精囊孔 3 对，在第 6～第 7、第 7～第 8、第 8～第 9 节间，孔在一横裂中的小突上。雌孔 1 个，在第 14 节中央。卵包呈梨状，每个卵包中有 1 条幼蚓，极少数有 2 条。

本种为土蚯蚓，喜生活在菜园地肥沃的土壤中，适于人工养殖。主要分布在湖北、江苏、安徽、浙江、北京、天津等省、市。

（十二）直隶环毛蚓

直隶环毛蚓属于巨蚓科，环毛蚓属。其主要特征是：体长 230～345 毫米，体宽 7～12 毫米，体节 75～129 个。背部呈深紫红色或紫红色。

背孔自第 12～第 13 节间开始。环带位于第 14～第 16 节，呈戒指状，无刚毛。体上刚毛环生，一般中等大小，前腹的面稍粗，但不显著。雄孔 1 对，位于第 18 节腹两侧，在皮褶中间的突起之上，该突起前后各有一较小的乳头，皮褶呈马蹄形，形成一浅囊。

雌孔1个，在第14节腹面中央。受精囊3对，在第6～第7、第7～第8或第8～第9节间。受精囊盲管内侧1/3有数个弯曲。

本种主要分布于天津、北京、浙江、江苏、安徽、江西、四川和台湾等省、市。

（十三）参环毛蚓

参环毛蚓属于巨蚓科，环毛蚓属。是我国南方的大型蚯蚓种类，鲜体重每条可达20克左右。其特征是：体长115～375毫米，体宽6～12毫米，背部呈紫灰色，后部色稍浅，刚毛圈白色。

一般说来，背孔从第11～第12节间开始。环带占3个环节，其上无背孔和刚毛。雄孔在第18节腹刚毛圈的一小突上，外缘有数个环绕的皱褶，内侧刚毛圈隆起，前后两边每边有10～20个不等的横排小乳突。受精囊孔2对，位于第7～第8和第8～第9节间。

该种分布在我国南方沿海的福建、广东、广西、海南、台湾、香港、澳门等地，是广东的优势种。

（十四）通俗环毛蚓

通俗环毛蚓属于巨蚓科，环毛蚓属。其主要特征是：体长130～150毫米，宽5～7毫米，体节102～110个。背部呈草绿色，背中线为深青色。背部呈深紫红色或紫红色。

一般说来，其环带位于第14～第16节，呈戒指状，无刚毛。体上刚毛环生，前端腹面疏而不粗。受精囊3对，在第7～第9节间。受精囊盲管内侧2/3在同一平面左右弯曲，与外端1/3的盲管有明显的区别。贮精囊2对，在第11、第13节。卵巢1对，在第12～第13隔膜下方。

本种主要分布在我国江苏、湖北、湖南等省。

（十五）湖北环毛蚓

湖北环毛蚓为巨蚓科，环毛属。该种属大型个体。主要特征

是：体长 70～222 毫米，体宽 3～6 毫米。背部呈草绿色，背中线为紫绿色或深橄榄色，腹面呈青灰色，环带为乳黄色。

一般来说，其腹面刚毛较稀，其他部位刚毛细而密，自环带以后较疏。雄孔 1 对，在第 18 节腹侧刚毛线的一平顶乳突上开孔。雌孔 1 个，在第 14 节腹面正中。受精囊孔 3 对，在第 6～第 7、第 7～第 8、第 8～第 9 节后侧的小突上。在第 17～第 18 和第 18～第 19 节间沟各有 1 对卵圆形乳头突。

本种在土粪堆、肥沃的菜园土中易发现，主要分布于湖北、四川、重庆、福建、北京、吉林及长江下游各省市。

（十六）河北环毛蚓

河北环毛蚓为巨蚓科，环毛属。其主要特征是：体长 107～160 毫米，体宽 5～8 毫米，有 66～120 个体节。身体呈圆柱形，中等大小，体色青褐色，背部为灰褐色。一般说来，其口前叶为上叶，背孔自第 12～第 14 节间始。环带占 3 节，无刚毛。刚毛在第 2～第 9 节的腹面，雄孔在 18 节腹面两侧的小交配腔内。受精囊孔 3 对，位于第 6、第 7～第 8、第 9 节间。

第二节　蚯蚓对温度和湿度的要求

一、温度

由于蚯蚓属于变温动物，体温随着外界环境温度的变化而变化。外界温度不仅直接影响蚯蚓的体温及其活动，而且还影响到它们的生长及生殖的强度。

不同的温度对生殖的影响很大，例如，背暗异唇蚓在 6～16℃范围内增殖的数量增加 4 倍，温度越高蚓茧孵化越快。例如，叶绿异唇蚓的蚓茧在温度 20℃时 36 天孵化，15℃时需 49 天孵化，10℃时需 112 天孵化。通常蚯蚓在 5～30℃温度范围内活动，生长和繁殖最适宜的温度为20℃左右；温度在28～30℃时，蚯蚓能维持一定的生长，若温度达32℃以上时，则蚯蚓停止生长；温度在10℃以下时，蚯蚓活动迟钝，温度在5℃以下时，则处于休眠状态，并有明显的萎缩现象；温度在40℃以上，或0℃以下时，常导致蚯蚓死亡。

不同种类的蚯蚓或同一种蚯蚓处于不同生长发育阶段，对温度的适应也有较大的差异。不同种类的蚯蚓生长发育所需的适宜温度、最高和最低致死温度有所差异。例如最高致死的温度环毛蚓为37～37.75℃，背暗异唇蚓为39.55～40.75℃，红色爱胜蚓为37～39℃，赤子爱胜蚓、威廉环毛蚓和天锡杜拉蚓为39～40℃，日本杜拉蚓为39～41℃。因随着土壤温度的增高，蚯蚓体表的水分会大量蒸发，使其降温，故致死的最高温度还可以稍稍升高。当温度降为5～0℃时，蚯蚓便会进入冬眠状态。此时，其抗寒能力最强，在冻土层中可发现大量的红色爱胜蚓。休眠状态的蚯蚓，当温度回升到15℃，经8～9小时即可自然复苏。温度影响着蚯蚓的新陈代谢活动。因此为了使蚯蚓正常生长繁殖，在夏季高温时必须采取降温措施，可以向养殖床洒水降温，并加以遮盖；随着冬季来临，气温逐渐降低，日照渐短，就必须考虑采取加温、保温的措施。

在自然界，蚯蚓冬眠前要经历一个准备阶段，他们的生理活动逐渐减弱，生长、发育和繁殖暂时停止，体内开始积累大量的脂肪和糖类营养物质以度过外界条件不良的时期。为了加快繁殖蚯蚓，把蚯蚓的冬眠变成冬繁，在冬季必须建立人工暖棚，如利用太阳热能、饲料的发酵热或者其他燃料来保温，这样就可以大大提高蚯蚓的产量。事实上，在外界条件适宜的情况下，蚯蚓一年四季均能产卵、繁殖、生长。

在不同的温度下，蚯蚓繁殖的幼虫数量也有很大不同。一般情

况下，每条成蚓每年平均可产卵茧 24 个；当温度在 24～27℃时，每条成蚓每月可产卵茧 24 个。在 8.5～25℃时，蚓茧的产量与温度的高低成正相关。

此外，温度的高低也会影响到蚯蚓产卵茧的时间和卵茧孵化所需的时间长短。蚯蚓从孵化到性成熟生长各期均依赖温度，例如臭爱胜蚓在 18℃时 9.5 周即达性成熟，在 28℃时只需 6.5 周即达性成熟。一般蚯蚓要完成一个世代，其有效积温为 1075℃。以日平均温度为 25℃为例：蚓茧的有效积温为 235℃，幼蚓至成熟产卵茧的有效积温为 840℃，因此蚯蚓的繁殖代数与温度有关。当我们计算出蚯蚓的有效积温后，结合各地的温度气象资料，便可以推算出各地蚯蚓可能繁殖的代数。同样，蚯蚓的生长发育与温度的高低有着密切的关系。温度也影响蚯蚓的活动及代谢和呼吸。

二、湿度

湿度与蚯蚓的生长发育、繁殖和新陈代谢有着极其密切的关系。水是蚯蚓的重要组成成分（体内含水量一般为 75%～90%）和必需的生活条件。因此防止水分的流失是蚯蚓生存的关键。蚯蚓生活的自然环境和土壤过湿或过干，均对蚯蚓不利。蚯蚓对干旱的环境条件有一定的抵御能力，主要通过迅速转移到较潮湿的适宜环境中去，或通过休眠、滞育或降低新陈代谢，减少水分的消耗进行抵御。一旦抵御不了，蚯蚓会失水死去。当土壤水分增至 8%～10%时，蚯蚓开始活动，当土壤中的水分达到 10%～17%时，则十分适宜于蚯蚓生活。如果土壤中含水量太高，对蚯蚓的活动也十分不利。

湿度的大小对不同种类的蚯蚓的生长发育和蚓茧的孵化时间均有密切的影响。湿度大小与蚯蚓生活环境的基质也有关，往往随其他生态因子的变化而变化。如赤子爱胜蚓最适宜的土壤湿度为

20%～30%，如果栖息于发酵的马粪中，则马粪的适宜含水量为60%～70%。

第三节　蚯蚓的养殖方法

在掌握了各种蚯蚓的生活习性和繁殖习性之后便可以人工养殖了。具体的养殖方法应根据目的和规模大小而定。其养殖方式一般可分为两大类，即室外养殖和室内养殖。室内养殖，按照养殖容器的不同，有盆养法、筐养法；室外养殖，常见的有池养法、沟槽养殖法、肥堆养殖法、沼泽养殖法、垃圾消纳场养殖法、园林和农田养殖法、地面温室循环养殖法、半地下室养殖法、塑料大棚养殖法、通气加温加湿养殖法等。

一、盆养法

可利用花盆、盆缸、废弃不用的陶器等容器饲养。由于盆缸等容器体积较小，容积有限，一般适于养殖一些体形较小，不易逃逸的蚯蚓种类，如赤子爱胜蚓、微小双胸蚓、背暗异唇蚓等。而体形较大、易逃逸的环毛蚓属的蚯蚓往往不适宜用这种方法养殖。盆养法只限于小规模的养殖，但也有其优点，即养殖简便、易照看、搬动方便、温度和湿度容易控制、便于观察和统计，很适宜于养殖实验。

盆内所装材料的多少取决于盆容积的大小和所养蚯蚓的数量。一般常用的花盆等容器，可饲养赤子爱胜蚓 10～70 条，但盆内所投放的饲料不要超过盆深的 3/4。由于花盆体积较小，盆内温度和湿度容易受到外界的环境变化的影响而产生较大的变化。盆内的表面土壤或饲料容易干燥，温度也易于变化。所以在采用花盆养殖，在保证通气的前提下，要尽量保持盆内土壤或饲料的适宜温度和湿度，可加盖苇帘、稻草、塑料薄膜等，经常喷水，以保持其足够的湿度。还应注意的是在选择盆、缸、罐等容器时，一定不要用盛过

农药、化肥或其他化学物品的容器，以免引起蚯蚓死亡。

二、筐养法

可利用废弃的包装箱、柳条筐、竹筐等养殖，但不能用已装过农药、化学物质的箱、筐等容器饲养，也不能用含有芳香性树脂和鞣酸的木料、含有铅的油漆等材料来加工制造养殖箱具。箱、筐的大小和形状，以易于搬动和便于管理为宜，一般箱、筐的面积以不超过1平方米为好。

养殖箱的规格常见的有以下几种：50厘米×35厘米×15厘米；60厘米×30厘米×20厘米；60厘米×40厘米×20厘米；60厘米×50厘米×20厘米；60厘米×30厘米×25厘米；45厘米×25厘米×30厘米；40厘米×35厘×30厘米等。在养殖箱底部和侧面均应有排水、通气孔。箱底和箱侧面的排水、通气孔孔径为0.6～1.5厘米；箱孔所占的面积一般以占箱壁面积的20%～35%为好。箱孔除通气排水外，还可控制箱内温度，不至于因箱内饲料发酵而升温过高。另外，部分蚓粪也会从箱孔慢慢漏出，便于蚓粪与蚯蚓的分离。箱内的饲料厚度要适当，饲料装得过多，易使通气不良，饲料装得过少，又易失去水分、干燥，从而影响蚯蚓的生长和繁殖。可以根据不同季节和温度、湿度来调整，如冬季饲料的厚度要适当增厚。为减少箱内饲料水分的蒸发，保持其湿度，除喷洒水外，还可在饲料表面覆盖塑料薄膜、废纸板或稻草、破麻袋等物。

若要增加养殖规模，可将相同规格的饲养箱重叠起来，形成立体式养殖，这样可以减少场地面积，增加养殖数量和产量。如欲进行大规模集约化养殖，可以采用室内多层式饲育床养殖，以充分利用有限的空间和场地，增加饲育量和产量，又便于管理。多层式饲育床可用钢筋、钢铁焊接或用竹、木搭架，也可用砖、水泥板等材料建筑垒砌，养殖箱则放在饲育床上，一般放4～5层为宜，过高不便于操作管理，过低则不经济。在两排床架之间应留出通道（约

1.5 米左右）便于养殖人员通行、操作管理。在放置饲育床的室内应设置进气门，在屋顶应设置排气风洞，以利于气体交换，保持室内空气新鲜，有利于蚯蚓的生长繁殖。

箱养殖蚯蚓的密度，一般控制在单层每平方米 4000～9000 条，过密则影响蚯蚓取食、活动以及生长繁殖，过稀则经济效益不佳。在冬季气温降至－1℃时，应注意及时加温、保暖，使室内温度保持在 18℃以上，为防止蚯蚓冻死，养殖室内的温度要保持稳定，并且养殖室内每天应打开通气孔 2～3 次，保持空气流通和新鲜。夏季炎热，气温升高时，可经常用喷雾器喷洒冷水，以保湿降温，并且进气门孔应全部打开通风。在箱式或筐式立体养殖时，应注意箱间上下、左右的距离，以利于空气的流通。当蚯蚓逐渐长大后，应减少箱内蚯蚓的密度。用长 60 厘米、宽 40 厘米、高 20 厘米养殖箱养殖，每个箱内投放赤子爱胜蚓（大平 2 号或北星 2 号）2000 条左右。在温度 20℃，湿度 75%～80%和饲料充足时，经过 5 个月的养殖，即可增至 18000 条左右。

这种立体式饲育床式养殖方法具有许多优点：充分利用空间，占地面积小，便于管理，节约劳动力，较为经济，其生产效率较高。据有关实验测定，采用这种方法养殖，4 个月增殖率为平地养殖的 100 倍以上，并且从产蚓茧到成蚓所需时间大大缩短，饲料基本粪化的时间也大大缩短，饲育床内的水分可经常保持在 75%～80%左右，相对较稳定。饲育床的温度能够保持在 30℃以下。并且饲料堆积在两个月后，堆积深度仅为 8 厘米，较均匀，管理和添加饲料以及处理粪土也十分方便。总之，采用立体箱式养殖方法具有较高的经济效益和诸多的优点，也是目前常采用的方法之一。

三、半地下温室、人防工事或地下防空洞、山洞、窑洞养殖法

这种养殖方式可充分利用闲置的人防工程，不占用土地和其他

设施，加之防空洞、山洞和窑洞内阴暗潮湿，温度和湿度变化较小，还易于保温。但在这些设施内养殖蚯蚓必须配备照明设备。地坑、地窖、温室和培养菌菇房、养殖蜗牛房等设施同样可以饲养蚯蚓，而且蚯蚓还可以与蜗牛一同饲养。在土表上养殖蜗牛，土层中饲养蚯蚓，蜗牛的粪便和食物残渣还可以作为蚯蚓的上好饲料。

半地下温室的建造，应选择背风、干燥的坡地，向地下挖1.5～1.6米深、10～20米长、4.5米宽的沟，中央预留30～45厘米宽的土埂不挖，留作人行通道，便于管理。温室的一侧高出地面1米，另一侧高出地面30厘米，形成一个斜面，其山墙可用砖砌或用泥土夯实，以便保暖。暴露的斜面，用双层薄膜加盖，白天可采光吸热，晚上可用苇帘覆盖保温。冬季寒冷天气，可在半地下室加炉生火，补充热量升温，炉子加通烟管道，排除有害气体。室温一般可达10℃以上，饲养的床温在12～18℃，在晴朗的天气，室内温度可达22℃以上。饲养床底可先铺一层约10厘米厚的饲料，然后可再铺一层同厚的土壤，这样一层一层交替铺垫，直至与地表相平为止。在饲床中央区域内可堆积马粪、锯末等发酵物。在温室两侧山墙处可开设通气孔。这种养殖方法可得到较好的效果。

四、地面温室循环养殖法

可以利用现有的冬季暖棚、温室，如甘薯育秧、水花生、水浮莲、水葫芦等冬季保苗的越冬暖棚养殖蚯蚓。建造越冬养殖床，使作物与蚯蚓在温室中共同生长，这样不仅可使动植物有效越冬，而且使物质和能源得到充分利用。

一般选择避风、向阳的高坡、平坑或挖坑建床。床长10米，宽2米，深0.7米；床的前墙高出地面0.3米，后墙高出地面1.5米，进去后在两侧靠墙区域为养殖床，宽各为0.8米。在床底先铺一层约10厘米厚的饲料，然后再铺一层同样厚的菜园土，这样一层层地交替铺垫，直至与地表平齐。在中央的通道区堆放生马粪等发酵物，在两边养殖床区可种植甘薯、蚕豆等越冬作物，并放养蚯蚓。温室两侧留有通气孔，向阳面采用双层塑料薄膜覆盖，每隔7～8厘米处扣紧防风网，在严寒冬季，尤其在晚上要加盖草帘等物。在温床四周，外侧1米处开挖排水沟，以防积水。温室东侧留一小门，便于管理人员出入。采用这种养殖方法可以收到较好的效果；因为在温床里动植物和微生物在组成生态小循环系统中，较有效地进行物质与能量的循环利用，更有效地互利共生。

五、通气加温、加湿养殖法

因为蚯蚓大多栖息在10～20厘米深处土壤或饲料层中，蚯蚓的饲料大多为食品的残渣、农副产品和畜产品的废弃物或经腐熟发酵后的这类物质等。但这类有机物质会被土壤中的厌气微生物分解为二氧化碳和氮，这一过程会消耗土壤中的氧气，有着还原土壤的趋向，而蚯蚓必须依靠氧气进行呼吸，故蚯蚓在还原性土壤中是无法生存的。在自然状态中，蚯蚓是依靠来自大气中扩散于土中的空气进行呼吸。为了进一步提高蚯蚓的养殖密度，克服供氧不足、温度和湿度不稳定等矛盾和缺点，可以在养殖室地下埋设有许多细孔的管子，这样可以缓慢地向土壤或饲料输送空气，防止土壤还原。因蚯蚓一般是利用溶解于体表的水中的氧进行呼吸，蚯蚓的体表必须经常处于湿润的状态。采用通气加温加湿的养殖方法可以获得较高的产量和可观的经济效益。这种通气加温加湿的方法可以通过仪器或计算机自动调节和控制，是较为先进的养殖方法。

六、棚式养殖法

其结构与冬季栽种蔬菜、花卉的塑料大棚相似，棚内设置立体式养殖箱或养育床。适用于冬季室外养殖。塑料棚拱形，棚内地面还可种植蔬菜。塑料大棚养殖蚯蚓既可安全过冬，又可大量增殖。

可采用长30米、宽7.6米、高2.3米的塑料大棚。棚中间留出1.45米宽的作业通道，通道两侧为养殖床。养殖床宽2.1米，床面为5厘米高的拱形，养殖床四周用单砖砌成围墙，高为40厘米，床面两侧设有排水沟，每2米设有金属网沥水孔。棚架用4厘米钢管焊接而成。整个养殖棚有效面积为100平方米。最大养殖量可养殖200万～300万条赤子爱胜成蚓。

塑料棚养殖受自然界气候变化影响较大，因此必须做好环境控制工作。当夏季气候炎热时，必须采取降温措施，可遮光降温，将透明白色塑料薄膜改用蓝色塑料薄膜，在棚外加盖苇席、草帘等，还可在棚顶内加一隔热层，或采用通风降温等方法。当棚内温度超过30℃时，可打开通气孔或将塑料薄膜沿边撩起1米高，以保持棚内良好通风，降低温度。也可喷洒冷水降温，使棚内空气湿润，地面潮湿。还可采取缩小养殖堆的方法，使养殖堆高度不超过30厘米，以利通风，并且在养殖堆上覆盖潮湿的草帘。采取以上措施可使棚内温度降低，一般棚温不超过35℃，床温最高不超过30℃，在一般情况下，可保持在17～28℃范围内。在冬季采取防风、升温、保温等措施，在入冬前，可将夏季遮阳光物全部拆下，把塑料膜改为透明膜，以增加棚内光照，还可在棚外设防风屏障，加盖苇帘或草帘，使整个棚衔接处不漏风。另外在棚内增设内棚，以小拱棚将养殖堆罩严保温，增设炉灶，建烟筒或烟道加温，还可改变养殖堆，将养殖层加厚至40～45厘米，变为平槽堆放。采取这些措施可以大大提高棚内和养殖堆的温度。如当棚外温度降至－14～－16℃时，则棚内温度可保持－7～－4℃；而加设有煤炉的棚内温度可达9℃以上，床内温度可达8℃以上。整个冬季蚯蚓仍能继续采食，生长。总之，采用塑料大棚养殖蚯蚓，虽受自然界气候变化的影响较大，但是只要做好环境控制工作，除冬季1～2个月和盛夏以外，全年床温均能保持在适宜于蚯蚓生长、繁殖的温度范围内。

养殖棚的另一种规格为高 2 米、宽 6 米、长 30 米，棚中留过道，以便饲养管理。棚两侧用砖砌或泥土夯实做棚壁，以防止外部的噪声和振动，棚四周挖排水沟，以便雨季防止积水。在棚壁两侧设置通气孔。在养殖棚内可设置能拉进拉出的箱状设备。养殖槽内的温度和湿度，由换气孔和洒水装置控制在所规定的范围内。可把酒糟、纸浆和含有大量动植物蛋白的鱼渣、谷类、麸皮等和腐殖质混合，或马粪、牛粪、麦秸等铺设在养殖槽内的箱中，在这种条件下养殖，大约每 3.3 立方米的养殖槽内，可繁殖蚯蚓 10 万条以上。

七、农田养殖法

可以将室内养殖和室外养殖结合起来，其效果更佳。在春夏秋季可把蚯蚓养殖移至室外，到秋末初冬季节移至室内。幼蚓的养殖放在室内，成蚓养殖放在室外。这样可以利用大田、园林、牧场等辽阔的土地来养殖蚯蚓，不仅大大降低养殖成本，取得较高的经济效益，而且还可以利用蚯蚓来改良土壤，促进农林牧各方面综合增产。因此，这是蚯蚓养殖和利用的一条重要途径。但是，为了保证农作物更好地生长发育、增产，往往要给作物施肥、喷药，而有些化肥、农药又可能对蚯蚓造成极大的危害。故在农田养殖蚯蚓时就应考虑这个矛盾和采取必要的措施。一般可在园林或农田内开挖宽 35～40 厘米、深 15～20 厘米的行间沟，然后填入畜禽粪、生活垃圾等，上面再覆盖土壤。在沟内应经常保持潮湿，但又不能积水。这种方式养殖蚯蚓，在种植有各种农作物的农田、园林、桑林等均可采用，但不适在种植有柑橘、松、橡、杉、桉等树种的园林中挖沟放养。一则这些树种的落叶含有许多芳香油脂、鞣酸、树脂或树脂液等物质，对蚯蚓有害，会引起蚯蚓逃逸，二则这些树种的叶子不易腐烂。农田养殖法养殖蚯蚓能改良土壤，促进农林业增产，成本较为低廉。不过这种养殖方法受自然条件影响较大，单位面积产量较低。

八、池沟饲养法

一般选择背阴或遮阴的地方挖池沟或用砖等建筑材料砌池沟。通常池沟长1米，宽50厘米，深30厘米，然后分层或混合投入饲料和土壤，并喷洒适量的水。一般可建多个这样的池沟。一些池沟倒入生活垃圾，应拣出石块、瓦砾、骨刺、金属、玻璃碎片、塑料等不易分解的物质；另一些池沟内是经发酵腐烂的这类饲料，以投放蚯蚓养殖，两批池沟轮换使用，可以收到较好的效果。

九、堆肥养殖法

这是一种较经济有效的室外养殖方法。具体做法是：取农家肥50%，土壤50%，两者混合，或以肥料和土壤各10厘米厚，交替分层铺放成堆。每堆宽约1～2米，高50厘米，长度不限。一般堆放一天以后，其肥堆内便可诱集上百条蚯蚓。当然也可向肥堆投放蚯蚓种人工养殖。采用此法蚯蚓增重快，体重可增加60%～100%，很快性成熟。此法在田头、场边、房前屋后等空闲地，均可利用。

十、沟槽养殖法

选择背风遮阴处，开挖沟槽来进行养殖。在开挖沟槽时应设置排水管。养殖沟槽一般是宽1米，深60～80厘米，长度可因地制宜。在沟底常先铺一层5厘米厚的禽畜粪便，然后再铺上一层杂草、树叶或麦秸、豆秸秆等，其上再覆盖一层5厘米厚的土壤。这样依次铺垫，直至填满沟槽为止，其表土上再覆盖稻草、麦秸或芦苇、麻袋等披盖物。为保持沟槽内土壤的湿润，可根据天气情况适时喷水或喷灌。采用这种方法养殖蚯蚓增产快。在饲料充足条件下，一般每平方米投放上千条蚯蚓。放养两个月后即可采收蚯蚓和蚓粪，以后可每隔一个月采收一次。

无论采用何种养殖方法，均应对蚯蚓的天敌和病害严加防范。

第四节　规模化养殖

饲料的添加：第一次饲料厚度，一般料每床10～15厘米；米糠料8～12厘米。米糠料养蚯蚓效果很好。其制作方法是：清水50千克，米糠20千克，尿素0.1千克。先将尿素溶解在水中，再加入米糠拌匀，经7天左右（夏季稍短，冬季稍长）发酵即成。饲料放入耙平后，放入种蚓1000～2000条。加料时，要等料面粪化，刮掉蚓粪后进行。每次加料厚度，一般料5厘米，米糠料3厘米。全年养殖蚯蚓时，加饲料要薄料多施，夏薄冬厚，春秋适量。保湿：在饲料面上，盖一张1平方米大、两边有固定的竹条、能卷展的饲料薄膜，起保湿作用。如果需要洒水，宜用喷雾器，力求均匀。收粪：为方便收粪，可在料面上以及塑料薄膜下平放几根1米长的小竹子或篾条，到刮蚓粪时，刮片（任何硬片均可）只需与小竹子成“卅”形，把蚓粪一次刮至床沿，装入盛器，供家禽家畜添加。其他管理同常规饲养。

第六章 不同时期的饲养管理技术

第一节 日常管理

一、季节对蚯蚓的影响

（一）蚯蚓活动季节性变化

在温带和寒带，冬季低温干旱使蚯蚓进入冬眠状态，到翌年开春，随着温度的回升、雨季的来临，蚯蚓苏醒，开始活动。在牧场，正蚓、红色爱胜蚓、绿色异唇蚓、夜异唇蚓、背暗异唇蚓等，每年4～5月及8～12月间最活跃；在草地，蚯蚓在秋季特别是10月最为活跃。在北京，4月底即可看到环毛蚓解除冬眠而活动，6月底至7月初进入雨季，一直到11月初皆为蚯蚓的活动时期。

在热带，蚯蚓活动也局限在一定的季节，如我国云南地区，蚯蚓多活动在雨季的5月至10月，当土壤含水量降到7%以下时，蚯蚓也出现休眠。

季节变化也会影响蚯蚓新陈代谢的强度。正蚓科蚯蚓在5～8月间，由于土壤温度和湿度不适宜，处于滞育状态，而在9～12月和2～4月的秋季和春季，由于土壤温度和湿度比较适宜，蚯蚓代谢活动旺盛，其活动达到高峰。

（二）蚓茧生产的季节性变化

季节变化不仅影响蚯蚓的活动和代谢水平，还非常明显地影响

着蚯蚓的生殖与生长发育。在人工养殖条件下，如果一年中始终保持适宜的湿度，那么，蚓茧的产量与土壤的温度成正相关。蚯蚓在冬季各月生产蚓茧最少，在5～7月间生产蚓茧最多。试验证明，蚯蚓产蚓茧有一个温度阈值，低于这个阈值就不产蚓茧。

二、饲养管理

每次投饵时，先将箱表面的蚯蚓粪轻轻刮去（蚯蚓的粪便排在饵料的表层），将余下的饵料及蚯蚓集中于一侧，重新添上一层新饵料，再将陈料覆盖于新料上。定期翻料是养殖蚯蚓的一项重要工作，每隔1周要将养殖箱上下层料对翻1次，以利于通气，具体做法是先清除粪便，再将上下层的料对翻，最后再投饵。室外养殖要注意保持箱内湿度，雨天要遮雨。

（一）概括起来蚯蚓日常管理要点如下

1. 翻动料床

蚯蚓耗氧量较大，需经常翻动料床使其疏松，或者饲料中掺入适量的杂草、木屑。如料床较厚，可用木棍自下而上戳洞通气。

2. 通风透气

注意使养殖床上饲料透气、滤水良好，保持适宜的温度和湿度。

3. 适时投料

在室内养殖时，养殖床内的饲料经过一定时间后逐渐变成粪便，必须适时给以补料。

4. 适时分养

在饲养过程中，种蚓不断产出蚓茧，孵出幼蚓，而其密度就随着增大。当密度过大时，蚯蚓就会外逃或死亡，所以必须适时分养和收取成蚓。

5. 定期清除蚓粪

清理蚓粪的目的是减少养殖床的堆积物并收获产品。清理时要

使蚓体与蚓粪分离，对早期幼蚓可利用其喜爱高湿度新鲜饲料的习性，以新鲜饲料诱集幼蚓；对后期幼蚓、成蚓和繁殖蚓可用机械和光照及逐层刮取法分离，即用铁爪扒松饲料，铺以光照，蚯蚓往下钻，再逐层刮取残剩饲料及蚓粪，最后获得蚯蚓团。

6. 适时采收

适时采收，及时调节和降低种群密度，保持生长量的动态平衡。

7. 防止敌害

要预防黄鼠狼、青蚯蚓、鸟、鸡、鸭、蛇、老鼠等生物的危害。

（二）蚯蚓饲料的投喂方法

根据养殖的目的和要求以及养殖规模和方法，采取不同的饲料投喂方法，例如混合投喂法、开沟投喂法、分层投喂法、上层投喂法、下层投喂法、侧面投喂法等。

1. 混合投喂法和开沟投喂法

混合投喂法就是将饲料和土壤混合在一起投喂。采用这种方法投喂，大多适用于农田、园林、花卉园养殖蚯蚓。一般在春耕时结合给农田施底肥，耕翻绿肥；初夏时结合追肥以及秋收秋耕等施肥时投喂。这样可以节省劳力而一举两得。另外还可采取在农田行间、垄沟开沟投喂饲料，然后覆土。一般在农田中耕松土或追肥时投喂饲料，也可以收到较好的效果。

2. 分层投喂法

包括投喂底层的基料和上层的添加饲料。为了保证一次饲养成功，对于初次养殖蚯蚓者来说，可先在饲养箱或养殖床上放10～30厘米的基料，然后在饲养箱或养殖床一侧，从上到下去掉3～6厘米的基料，再在去掉的地方放入松软的菜地泥土。若把蚯蚓投放在泥土中，浇洒水后，蚯蚓便会很快钻入松软的泥土中生活，如果投喂的基料十分良好，则蚯蚓便会迅速地出现在基料中，如果基料不适应蚯蚓的要求，蚯蚓便可在缓冲的泥土中生活，觅食时才钻进基料中。这样可以避免不必要的损失。基料消耗后，可加喂饲料业可采取团状定点投料、各行条状投喂和块状料投喂等方法。各种方法各有其优点。如采用单一粪料发酵7～10天，采取块状方法投喂饲料。在每0.3平方米养殖800条赤字爱胜蚓的饲养面上，饲料厚18～22厘米，20天左右可加料1次。加料时即把饲养箱上陈旧饲料连同蚯蚓向饲养箱的一侧推拢，然后再在推出的空地上加上经过发酵后的奶牛粪。一般在1～2天内陈旧料堆里的蚯蚓便会纷纷转入到新加的饲料堆里。采用这种投料方法，可以大大的节省劳动力，并且蚓茧自动分清。在陈旧料堆中的大量卵茧可以集中收集，然后再另行孵化。

3. 上层投喂法

将饲料投放于蚯蚓栖息环境的表面。此法适用饲料的补充，也是养殖蚯蚓时常用的方法之一。当观察到养殖床表面粪化后，即可在上面投喂一层厚5～10厘米的新饲料，让蚯蚓在新饲料层中取食、栖息、活动。这种投喂方法便于观察蚯蚓食取饲料的情况，并且投料方便。不过新饲料中的水分会逐渐下渗，位于下方的旧料和蚓粪中的水分较大，加之，蚓茧会逐渐埋于深处，对其孵化往往不利，为避免这种情况发生，可在投料前刮除蚓粪。

4. 料块（团）穴投喂法

即是把饲料加工成块状、球状，然后将料块固定埋在蚯蚓栖息生活的土壤内，这样蚯蚓便会聚集于料块（团）的四周而取食。这种投料方法便于观察蚯蚓生活状况，比较容易采收蚯蚓。

5. 下层投喂法

即是将新制作好的饲料投放在原来的饲料和蚓粪的下面，可在养殖器具一侧投放新的饲料，然后再把另一侧的旧饲料覆盖在新的饲料上。采用这种方法投喂蚯蚓，有利于产于旧有饲料和蚓粪中的

蚓茧孵化，而且由于新的饲料投入到下层，蚯蚓都被引诱到下层的新饲料中，这样很便于蚓粪的清除。

其优点是有利蚓茧孵化，便于清除蚓粪；其缺点是旧料不清除，而蚯蚓食取新添加的饲料又不十分彻底，常造成饲料的浪费。

6. 侧投法

在原饲料床两侧平行设置新饲料床，经2～3昼夜或稍长时间后，成蚓自行进入新饲料床。同时，将原饲料床连同蚓茧和幼蚓取出过筛或放在另外的地方继续孵化，当残存蚓茧全部孵化幼蚓并能利用时，再将蚓粪和蚯蚓分离。

不管采用哪种投喂方式，其饲料一定要发酵腐熟，绝不能夹杂其他对蚯蚓的有害物质。也可因地制宜，根据饲养方式、规模大小，根据不同的养殖目的和要求来投喂饲料，更重要的是要根据不同蚯蚓的生活习性来投放和改进投喂饲料的方法，以达到省料、省力、省时和能取得较高经济效益的目的。

(三) 养殖密度

要提高产量，必须增加养殖密度。但养殖密度不是越大越好，而是有一定限度。超过限度，反而使个体生长和繁殖速度下降。养殖密度小，成活率和增长速度快，但产量低；密度过大，增长速度慢，成活率低。密度适中，生长速度虽不太快，但有一定的个体数量，因此可获得较高产量。合理的养殖密度对幼蚓的增长、繁殖速度有密切关系。当然养殖密度大小，也不是绝对不变，随蚯蚓个体大小、饲料质量、管理水平、温度的高低适当变动。选择合理的养殖密度要根据具体情况而定。如饲料充足、质量好，管理完善，密度可大，反之应小。此外，幼蚓期密度可大，成蚓可小。以获取蛋白质为目的，密度可大；以繁殖为目的，密度可适当减少。

(四) 蚓粪与卵茧分离法

蚯蚓在箱养和大型养殖床中的蚓粪与卵茧需要分离，分离方法有以下几种。

1. 框漏法

对经过几次加料，成蚓密度大，卵茧数量多，饲料已基本粪化的养殖床，把蚯蚓和粪粒一起装入底部有12厘米×12厘米的铁丝网的大木框，利用蚯蚓避光的特性，在光照下，蚯蚓会自动钻到下层，然后用刮料板逐层把粪粒和卵茧一起刮入装料车，直至蚯蚓通过网眼、钻入下面新饲料。然后把粪粒和卵茧移入孵化床，在适宜温、湿度条件下，经30～40天，卵茧全部孵化，并长成幼蚓后，再继续用上述框漏法，把幼蚓与粪粒分离，幼蚓进入新养殖床。粪粒经风干、筛选、化验和包装成为有机复合肥料。

2. 饵诱法

当养殖床基本粪化时，可以按以下方法：①停止在表面加料而在养殖床两侧添加新饲料；②待绝大部分成蚓被诱入新饲料中，再将含有大量蚓茧的老饲料床全部清出，然后再把老床两侧的新饲料和蚯蚓合并，清出的蚓茧和蚓粪移在放有新饲料的养殖床上面进行孵化；③待幼蚓孵出后，进入下层新饲料层取食，然后把上层的蚓粪用刮板刮出，进行风干，包装，作有机肥料。

3. 刮粪法

利用光照，使蚯蚓钻入下方，然后用刮板将蚓粪一层一层刮下，最后蚯蚓集中在养殖床地面。取出的蚓粪和蚓茧移入孵化床进行孵化培养。幼蚓孵出后，用同法再进行分离。

第二节　一年不同生产时期的划分（蚯蚓的生活史）

蚯蚓的生活史是指蚯蚓在一生中所经历的生长发育及繁殖的全部过程。生活史包括一个生殖细胞的发生、形成和受精，到成体的衰老、死亡。一般人为地分为蚓茧形成、胚胎发育和胚后发育三个

阶段。

(一) 蚓茧形成

1. 生殖细胞的发生

随着蚯蚓个体生长，生殖腺逐渐发育，逐步进行着生殖细胞的发生过程，到一定的时期，再排入贮精囊或卵囊内，进一步发育成精子或卵子。成熟的精子包括头、中段和尾三部分。全长 72 微米，有的可长至 80～86 微米（为人类精子长度的 2 倍）。蚯蚓的卵多为圆球形、椭圆形或梨形，由卵细胞膜、卵细胞质、卵细胞核以及最外面一薄层由卵本身分泌的卵黄膜所构成。

2. 蚯蚓的交配

异体受精的蚯蚓，性成熟后通过交配，使配偶双方相互授精。即把卵子输导到对方的受精囊内暂时贮存。交配时两条蚯蚓前后倒置，腹面相贴。一条蚯蚓的环带区域正对着另一条蚯蚓的受精囊孔区域。环带区分泌黏液紧紧黏附着配偶。在两条蚯蚓的环带之间有两条细长黏液管将配偶相对应的体节（第 8～第 33 节）束缚在一起。赤子爱胜蚓两条蚯蚓相贴体节的腹面比较凹陷，形成两条纵行精液沟。雄孔排出的精液，由于沟内拱状肌肉有规律的收缩而向后输送到自身的环带区，并进入对方的受精囊内。当相互授精完成后，两条蚯蚓从相反的方向各自后退，退出束缚蚓体的黏液管，直至配偶脱离接触。以上交配过程约 2～3 小时。野生蚯蚓交配多发生在初夏、秋季的肥堆中；人工养殖蚯蚓，只要条件适宜，一年四季都可发生交配。

3. 排卵与受精

排卵是指蚯蚓通过雌孔将卵排出体外的过程。处在卵囊或体腔中的卵，由于没有运动器，主要依靠卵漏斗、输卵管上纤毛的摆动，被动地使卵经雌孔排出体外。雌孔往往在第一环带节腹面正中央（环毛蚓），故卵直接排入环带所形成的蚓茧内。包含有一至多个卵的雏蚓茧，因其后的体壁肌肉较其前的体壁肌肉收缩强烈，雏蚓茧与体壁间又有大量黏液起润滑作用，加上雏蚓茧外周与地表接触受阻，蚓体向后倒行，使得蚓体前端逐渐退出雏蚓茧。当受精囊孔途经雏蚓茧时，原来交配所贮存的异体精液就排入雏蚓茧内，从而完成受精过程。

4. 蚓茧形成

从环带开始分泌蚓茧膜及其外面细长的黏液管起，经排卵到雏型蚓茧从蚓体最前端脱落、蚓茧前后封口成蚓茧止，是蚯蚓茧形成的全过程。蚓茧内除含有卵子外，还有精子及供胚胎发育用的蛋白液。

蚓茧的生产场所：不同种类的蚯蚓，其蚓茧生产的场所有所不同。正蚓科蚯蚓，如红色爱胜蚓、日本异唇蚓、背暗异唇蚓，一般产蚓茧于潮湿的土壤表层，遇干旱则产于土壤较深处；八毛枝蚓等多产于腐殖层中，赤子爱胜蚓多产于堆肥中。

蚓茧的颜色：蚓茧的颜色一般随着蚓茧产出后时间的推移而逐渐改变，刚生产的蚓茧多为苍白色、淡黄色，随后逐渐变成黄色、淡绿色或淡棕色，最后可能变成暗褐或紫红色、橄榄绿色。

蚓茧的形成：蚓茧的形状也因种类不同而有所差异，通常多为球形、椭圆形，有的为袋状、花瓶状或纺锤状，少数为细长纤维状或管状。蚓茧的端部较突出，有的成簇状、茎状、圆锥状或伞状。

蚓茧大小：蚓茧大小与蚓体宽一般成正相关。差别较大。赤子爱胜蚓一般长度 3.8～5.0 毫米、宽 2.5～3.2 毫米。

蚓茧的含卵量：不同种类蚯蚓，蚓茧含卵量不同。有的仅含一个卵，有的则含多个卵，如赤子爱胜蚓，一般含 3～7 个卵，但有的蚓茧含 20 甚至 60 个卵。

蚓茧的生产量：蚓茧的年生产量依种类、个体发育状况、气候、食物因子等而变化。野生蚯蚓蚓茧生产有明显的季节性。处

不利环境时（干燥、高温等）可能在短期内多生产些蚓茧。栖息于土壤表层（如爱胜蚓）的一些蚯蚓其蚓茧生产量往往比穴居土壤深处（如环毛蚓）的要多。在人工饲养的良好条件下，蚯蚓可全年生产蚓茧。在20～26℃条件下，每条蚯蚓每天产0.35～0.80个蚓茧。

蚓茧构造：分为三层，最外层为蚓茧壁，由交织纤维组成；中层为交织的纤维；内层为淡黄色的均质。刚产出的蚓茧，其最外层为黏液管，质地较软，一般黏性较大，随后逐渐干燥而变硬，黏液管的内面为蚓茧膜；此膜较坚韧，富有一定的保水和透气能力。蚓茧膜内形成囊腔，并有似鸡蛋清的营养物质充斥着，卵、精子或受精卵悬浮其中，此液的颜色、浓稠程度也常因蚯蚓种类和所处的环境不同而有所差异，蚓茧对外界的不良环境有一定的抵抗能力，但其抵御能力是有限的。如温度过高会使蚓茧内的蛋白质变性。

（二）胚胎发育（孵化过程）

蚯蚓的胚胎发育是指从受精卵开始分裂起，到发育为形态结构特征基本类似成年蚯蚓的幼蚓，并破茧而出的整个发育过程（即孵化）。它包括卵裂、胚层发育、器官发生三个阶段。蚯蚓胚胎发育的完成即为蚓茧孵化过程的结束。孵化所需时间及每个蚓茧孵出的幼蚓数，因种类、孵化时的温度、湿度等生态因子而有异。赤子爱胜蚓每个蚓茧一般孵出幼蚓1～7条，孵化时间为2～11周。

（三）胚后发育

从幼蚓由蚓茧中孵化出来，经生长发育到达性成熟、生殖，然后逐渐衰老以及死亡。这个过程即为蚯蚓的胚后发育。蚯蚓生长，一般指蚓体重量和体积的增加。而发育指蚯蚓的构造和机能从简单到复杂的变化过程。两者既有区别，又密不可分。

蚯蚓的生长曲线一般呈“S”型。即幼蚓在达到性成熟前，体长、体重都急剧增加，性成熟（环带出现）到衰老开始（环带消失）前这一阶段，体重增加不多，但生殖能力很强。一旦环带消失，体重渐减。蚯蚓的胚后发育时间往往因种而异，赤子爱胜蚓为55周，长异唇蚓50周。

蚯蚓的寿命，随种类与生态环境的不同而有差别。一种双胸蚓在干旱、贫瘠条件下，寿命仅为6个月，而在较好的环境条件下，寿命可延长至两年多。环毛蚓为一年生蚯蚓，寿命多为7～8个月。在理想条件下，蚯蚓潜在寿命要更长些。如赤子爱胜蚓寿命可能达到四年半，正蚓为六年，长异唇蚓为十年三个月。

据试验：赤子爱胜蚓在平均室温21℃情况下，蚓茧需24～28天孵化成幼蚓，幼蚓需30～45天变成蚓。成蚓交配后5～10天产蚓茧。每条蚯蚓的世代间隔平均在59～83天。

根据以上，蚯蚓生活史包括繁殖期、卵茧期、幼蚓期和成蚓期。但饲养管理可细分为交配前后期、产卵期、孵化期、幼年期、育成期的管理。与季节变化有关又有了越冬期的管理。

第三节　交配期的饲养管理

在选择良种蚯蚓进行养殖的基础上，为了获得生产群的高产，还要注意留种。在长期人工养殖某一种蚯蚓的情况下，常会由于近亲交配而出现退化现象，所以在养殖过程中，应注意选择个体长粗、具光泽、食量大、活动力强且灵敏的蚯蚓分开来单独饲养，作为后备种蚓。或利用种间杂交的方法来培育具有杂种优势的后代，并通过人工选择不断扩大种群，留作种蚓。

种蚓的管理要点是：合理地配制全价饲料，提供繁殖所需的适宜温度（24～27℃）、适宜湿度（60%左右），并且保证合理的养殖密度（以每平方米放养10000±200条为宜），及时分离蚓茧（每隔一个月左右，结合投料和清理蚓粪进行）。

第四节　孵化期的饲养管理

人工养殖的蚯蚓一般将蚓茧产于蚓粪和吃剩下的饲料中。可把蚓粪和剩余的饲料收集起来，放在废木箱或柳条筐以及其他容器内孵化。蚓茧孵化时的温度特别重要，这直接影响到蚓茧的孵化率和孵出时间的长短。温度在10℃时，赤子爱胜蚓的幼蚓平均要65天才能孵出；温度在15℃时，平均需31天才孵出，其孵化率为92%，平均每个蚓茧能孵化出幼蚓5.8条；温度在20℃时，19天可孵出幼蚓；温度在25℃时，17天即可孵出；温度在32℃时，则仅需11天即可孵出幼蚓，不过孵化率仅为45%，平均每个蚓茧孵出2.2条幼蚓。可见蚓茧孵化时温度越高，孵化所需的时间越短，但孵化率和出壳率下降。蚓茧孵化的最佳温度一般为20℃左右，孵化初期可保持15℃，以后每隔2～4天加温，直至27℃止；适宜湿度为60%～70%。幼蚓孵出后应马上转移到25～33℃的环境条件下养殖，并供给充足新鲜营养丰富的饲料，幼蚓生长发育极快。

第五节　幼年期的饲养管理

幼蚓刚从蚓茧孵出，一般呈丝线状，身体弱小，幼嫩，新陈代谢旺盛，生长发育极快，在管理上应特别注意。在投喂饲料时应注意选择疏松、细软、腐熟而营养丰富的饲料，制作成条状或块状来投喂。

适宜温度：幼蚓孵化出后应马上转移到25～35℃的环境条件下饲养。

水分：用喷雾器喷洒，使水细小呈雾状，每天喷洒2～3次，但不能有任何积水。

饲料：饲料要新鲜、疏松、细软、腐熟、易消化、营养丰富。

天敌：注意蚂蚁、蜘蛛、老鼠等危害。

第六节　越冬期的饲养管理

冬季管理主要是升温、保温。越冬保种是我国广大地区开展蚯蚓养殖中不可忽视的环节。为来年大规模养殖确保种源的供应，尤其我国广大的北方地区，在冬季更应特别注意。

（一）室内养殖蚯蚓

冬季要堵严门窗，防止漏气散温。还可采用火炉、火墙、暖气等升温措施。

（二）露天养殖蚯蚓如在农田、园林、野外养殖蚯蚓

① 冬季来临之前，应在快到入冬季节、温度降低时，将蚯蚓移入地窖、室内或温室养殖，以免因严寒死亡。尤其在秋末冬初或初春季节，气候易变，昼夜温差过大，应及早采取保温防冻措施。北方可利用温室、暖棚、菜窖、防空洞，也可在室内建土炕，增设火炉、暖气等加温设施，有的地方也可采用太阳能装置加温或用发电厂、钢厂余热、地热等加温。

② 养殖层加厚到40～50厘米，饲料上面覆盖杂草，上面再盖塑料薄膜。

③ 利用发酵物生热保温。在养殖床底铺一层20厘米厚的新鲜马粪，也可以掺部分新鲜鸡粪，粪的含量在50%左右，踏实后上面铺一层塑料膜，塑料膜上面放蚯蚓和饵料。利用畜禽粪便发酵保温。总之，应保持蚯蚓养殖环境的温度和湿度，以便顺利越冬保种，供春暖后养殖发展。

下面以赤子爱胜蚓为例，讨论蚯蚓冬季的饲养管理。

这种蚯蚓耐寒性强。在冬季，如管理得当，生产蚯蚓并不比夏季困难，同时也应根据各地的具体情况采取越冬措施。

① 保种过冬。在严冬到来之前，将个体较大的成蚯蚓提取出来加工利用，留下一部分作种用的蚯蚓和小蚯蚓，把料床加厚到50厘米左右，也可以将几个坑的培养料合并到一个坑，上面加一层半发酵的饲料，或新料与陈料夹层堆积，调整好温度，加厚覆盖物，挖好排水沟，就可以让它自然过冬，到春天天气转暖时再拆堆养殖。

② 保温过冬。室外保温过冬，利用饲料发酵的热能、地面较深厚的地温和太阳能使蚓床温度升高。坑深一般要求1米左右，宽1.5米，长5米以上，掘坑的地方与养殖蚯蚓要求的条件是一致的。

坑掘好以后，先在坑底垫一层10厘米厚的干草，草上加30厘米厚的畜禽混合粪料，粪料要求捣碎松散，有条件的地方可在粪料中加一些酒糟渣，含水50%左右。

③ 低温生产。砍掉蚓床周围的一切荫蔽物，让太阳从早到晚都能晒到蚓床上；秋天遗留下来的床料应用逐次加料来增加床的厚度，加料前将老床土铲到中央，形成长圆锥形，两边加入未发酵的生料，并逐次加水让其缓慢发酵。1周后，覆到中央老床土上，蚯蚓开始取食新料后，铲平。等新料取食一半后重复上法。

晴天10点钟后把覆盖物减到最薄程度，让太阳能晒到料床上，下午4点钟后再盖上。覆盖物要求下层是10厘米厚的松散稻草或野草，上面用草帘或草袋压紧，再盖薄膜。洒水时，选晴天中午用喷雾器直接喷到料床上，保持覆盖的稻草干燥。提取蚯蚓时，做到晴天取室外床，雨天取室内床。

第七章 蚯蚓的育种与繁殖

第一节 蚯蚓的提纯与复壮

养殖户应在确定养殖的品种后引种。引种要去信誉好的养殖地，而且每次不要在同一地区引种，可以去不同的地区，然后将不同地区的种蚓一起喂养，这样做的目的是为了避免近亲繁殖引起的种性退化和抵抗力及产量的降低。同一品种在不同地区或多或少存在一定的品种差异，我们可以选用异地的优良种与本地的优良种进行杂交育种，提高蚯蚓的生产能力、适应能力和抗病能力，既所谓的杂种优势。或是采捕蚯蚓时，不断地选择个体大、活动能力强、产卵量高的个体分开单养作为种蚓，不断对养殖的良种进行提纯。

一、建立选种池

首先建立原种池、繁殖池、生产池等分层次的繁育体系。不要混养，避免近亲交配导致品种的退化。

二、选种

平时应注意选择红晕粗壮的，长势好的蚯蚓放入原种池中，随时剔除那些退化、短小、体色异常、病态衰老的个体。

三、提纯复壮的步骤

原种池不断培育出长势好，保持优良品种特征的蚯蚓原种。饲料厚度 15 厘米左右。平时不要翻动池中的饲料。把原种池培育出

来的优良品种进行第二级纯种繁殖，不断扩大优良品种数量，为生产提供大量的蚯蚓。从繁殖池移来的蚓茧或幼蚓茧投入生产池进行第三级繁殖。

四、定期分床隔池

原种池与繁殖池每隔一定时间要换料一次，蚓茧进入另一池孵化，同时也不能让池中的酸度过高，具体的换料时间依具体情况而定，pH 值可以作为参考。大体上高温季节每隔 15 天左右，低温季节隔 30 天左右要彻底换除旧粪料一次，全部装入新饲料。原种池的旧料和蚓茧移入繁殖池孵化，繁殖池的旧料与蚓茧移入生产池孵化。料的厚度 15 厘米左右，含水量以手抓住饲料使劲地捏能捏出水即可。做到上松下湿不积水，才能提高孵化率。

第二节　蚯蚓养殖场育种计划的制订

一、育种的方法

育种的方法有品种选育与纯种繁育。

（一）品种选育

本品种选育一般是指在本品种内通过选种、选配、品系繁育和改善培育条件等措施以提高品种性能的一种繁育方法。本品种选育的基本任务是保持和发展一个品种的优良特性，增加品种内优良个体的比重，克服该品种某些缺点，以达到保持品种纯度和提高品种质量的目的。

本品种选育和纯种繁育既相似又有区别。纯种繁育习惯上指在培育程度较高的品种内部所进行的繁殖和选育，其主要目的是获得纯种，而本品种选育的涵义则较广，其不仅包括培育品种的纯繁，还包括地方品种和品群的改良提高，后者并不强调保纯，因而必要时还可采用某种程度的小规模杂交。

本品种选育一般是在一个品种的生产性能基本满足国民经济发展的需要，不必做重大的方向性改变时使用。

1. 本品种选育的意义

① 保持和发展品种的优良特性　一个品种能基本满足国民经济发展的需要，说明控制优良性状的基因在该品种群体中有较高的频率，但若不能开展经常性的选育工作，优良基因的频率就会因遗传漂变、突变和自然选择等作用而降低，甚至消失，从而导致品种的退化。通过本品种选育，能够使优良基因的频率始终保持较高的水平，甚至得到进一步提高，从而使品种的优良特性得到保持和发展。

② 保持和发展品种的纯度　任何一个品种都不可能在所有的基因位点上达到基因型的完全一致，尤其是受人工选择影响较大的高产品种，变异范围更大，这就为本品种选育提供了遗传基础，同时也使本品种选育成为十分必要的育种手段。通过本品种选育，可以保持和提高群体基因的纯合程度，从而为直接使用或培育新品种及杂种优势利用提供高质量的品种群。

③ 克服品种的某些缺点　任何一个品种都不可能十全十美，或多或少都存在着一些缺点，有的缺点甚至还比较严重。通过品种内的异质选配，就能以优改劣，克服品种的某些缺点；若品种内的异质选配不能奏效，还可以通过引入杂交来引进相应的优良基因，从而加快选育进程。

国内外育种实践证明，应用本品种选育，不仅可以迅速提高地方品种的生产性能，而且还能使培育品种的性能继续得到提高。

2. 本地品种的选育特点

本地品种即地方品种，它们是在特定的生态条件下经过长期辛勤培育而成的。它们都能适应当地的自然条件和经济条件，但在一些经济性状上，除部分选育程度较高的品种外，大部分处于较低的

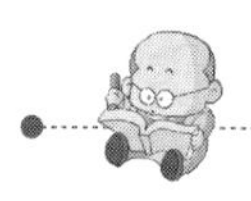

水平，而且性能表现也不够一致。因此，本地品种的选育特点是在提高生产性能的同时，提高群体基因纯合度。

3. 本地品种选育的基本措施

我国本地品种很多，其现状与特点各不相同，因而选育措施也不可能完全一样。目前在选育过程中，主要采取的基本措施如下。

① 加强领导和建立选育机构　动物品种的选育是集技术、组织管理为一体的系统工程，具有长期性、综合性和群众性的特点，因而必须加强领导，组织品种调查，确定选育方向，拟定选育目标，制定选育计划，检查、指导整个选育工作，协调各有关单位的关系。

② 建立良种繁育体系　在品种主产区，应办好各种类型的繁殖场，建立完善的良种繁育体系。良种繁育体系一般由专业育种场、良种繁殖场和一般繁殖饲养场组成。专业育种场的主要任务是集中进行本品种选育工作，培育大量优良种装备各地良种繁殖场，并指导群众开展育种工作。良种繁殖场的主要职责是扩大繁育良种，供应一般繁殖饲养场和专业户的合格种用动物。

③ 建立健全性能测定制度和严格选种选配　育种群亲本，都应按全国统一的有关技术规定，及时、准确地做好性能测定工作，建立健全动物种的档案，并实行良种登记制度，定期公开出版良种登记簿，以推动品种选育工作。选种选配是本品种选育的关键。选择性状时，应针对每个品种的具体情况突出几个主要性状，以加大选择强度。在选配方面，可根据品种改良的不同要求采用不同的交配制度。为了建立品系和迅速提高纯度，在育种场的核心群可以采用适当程度的近交。但在良种繁殖场和一般饲养场之间，则应避免使用近交。

④ 开展品系繁育　品系繁育是加快选育进展的有效方法。因此，无论是地方品种还是育成品种的选育，都应积极开展品系繁育工作。在建立品系时，应根据品种的特点和育种场的具体情况采用

适宜的建系方法。如果群中同类优秀个体多但无亲缘关系，可采用同质群体继代选育法建立品系；若群中缺乏优秀个体，而各个体又有各自优秀性状时，可将有优点的个体汇集一群，通过异质群体继代选育而建立品系。

⑤ 科学饲养，合理培育　动物性状的表现是遗传与环境相互作用的结果。良种只有在适育的饲养管理条件下，才能发挥其高产性能。因此，在进行本品种选育时，应把饲料基地建设、全价配合饲料生产、改善饲养管理与进行合理培育等放在重要地位。

⑥ 适当导入外血　当采用上述常规选育措施仍无法获得明显效果，不能有效地克服原品种的个别重大缺陷时，可以考虑引入杂种，适当导入外血。由于导入少量外血，基本上没有动摇原品种的遗传特性，所以仍属本品种选育的范畴。

4. 引入品种选育

（1）引种时应注意的问题　由于自然条件对动物的品种特性有着持久、深刻而全面的影响，所以引种必须慎重。只有在认真研究引种的必要性后，方可确定引种与否。在确定需要种后，为了保证引种成功，还必须做好以下几方面的工作。

① 正确选择引入品种　引入品种必须具有良好的经济价值和育种价值，必须符合国民经济发展需要和当地品种区域规划的要求，必须有良好的环境适应能力。一个品种的适应性强弱，大体可从品种的选育历史、原产地条件和分布范围等方面做出判断。为了正确判断一个品种是否适宜引入，最可靠的办法是先引入少量个体进行引种试验观察，经实践证明其经济价值和育种价值良好，又能适应当地自然条件和饲养管理条件后，再大量引种。

② 慎重选择引入个体　引入的个体必须是品种特征明显、体质健康、生长发育正常、无有害基因和遗传疾病的个体，年龄以幼年为宜。

③ 合理安排调运季节　为了让引入动物在生活环境上的变化

不过于剧烈，使有机体有一个逐步适应的过程，在引入动物调运时间上应注意原产地与引入地季节气候差异。如从温带地区引至寒冷地区，宜于夏季抵达；而由寒冷地区引至温暖地区，则宜于冬季抵达，以便使动物逐渐适应气候的变化。

④ 严格执行检疫制度　为了防止带进引入地原先没有的传染病，必须切实加强动物种的检疫，严格实行隔离观察制度。

⑤ 加强饲养管理和适应性锻炼　引种后的第一年是关键的一年，为了避免不必要的损失，必须加强饲养管理，根据原来的饲养习惯，创造良好的饲养管理条件，选用适宜的日粮类型和饲养方法。在迁运过程中，为防水土不服，应携带原产地饲料，供途中和初到新地区时饲喂。根据引入动物对环境的要求，采取必要的防寒和降温措施。积极预防地方性传染病和寄生虫病。

在改善饲养管理条件的同时，还应加强适应性锻炼，促使引入动物尽快适应引入地区的自然环境与饲养管理条件。

⑥ 采取必要的育种措施　对新环境的适应性不仅品种间存在着差异，即使同一品种不同个体间也有不同。因此，应注意选择适应性强的个体留种，淘汰不适应个体。选配时应避免近亲交配，以防止生活力下降和退化。为了使引入品种更易于适应当地环境条件，也可考虑采用杂交的方法，使外来品种的血缘成分逐代增加，以缓和适应过程。在环境条件非常艰苦的地区，引入外地品种确有困难时，可通过引入品种与本地品种杂交的办法，培育适应当地条件的新品种。

（2）引种后动物的表现　由于自然环境条件、饲养管理条件的变化和选种方法或交配制度的改变，引入动物的品种特性总是或多或少发生一些变异。这些变异根据其遗传基础是否发生变化可归纳为暂时性变化和遗传性变化两种类型。

① 暂时性变化　自然环境的变迁和饲养管理的变化，常使引入品种的动物在体质外形、个长发育、生产性能以及其他生物学特

性和生理特性等方面发生一系列暂时性的变化。但由于其遗传基础并未改变，只要所需条件得到满足，这些变化就会逐渐消失。

② 遗传性变化　遗传性变化大体分为两类。一是适应性变异。在风土驯化过程中，引入品种动物可能在体质外形和生产性能上发生某些变化，但适应性却显著提高，这就是适应性变异。适应性变异有利于风土驯化和引种的成功。二是退化。品种退化是指动物的品种特性发生了不利的遗传性变异。其主要特征是体质过度发育、生活力下降、发病率和死亡率增加、生产性能下降、繁殖力下降、性征不明显、畸形胎和死胎增多等。

应当指出的是，判断一个品种或种群是否发生退化，乍看似乎很简单，其实这是一个相当复杂的问题。因为品种特性和生活力的具体表现，不仅受遗传的制约，而且在不同的程度上还受环境条件的影响。只有当一个品种或畜群发生了不利的变异，即使消除了引起不利变异的环境因素，提供了合适的饲养管理和环境条件，其后代的品种特性和生活力仍不能恢复时，才能确认发生了品种退化。

（3）引入品种选育的主要措施　根据上述特点和我国各地的经验，对引入品种的选育应采取以下措施。

① 集中饲养　引入品种的动物应相对集中饲养，并建立以繁育该品种为主要任务的良种场，以利展开选育工作。

② 慎重过渡　对于引入品种的饲养管理，应采取慎重过渡的办法，使其逐步适应。要尽量创造有利于引入品种性能发展的饲养管理条件，实行科学饲养。同时还应加强其适应性锻炼，提高其耐粗饲性、耐热性和抗病力，使之逐渐适应我国的自然环境和饲养管理条件。

③ 逐步推广　在集中饲养过程中要详细观察并记录引入品种的各种特性，研究其生长、繁殖、采食习性、生理反应等方面的特点，为饲养和繁殖提供必要的依据。经过一段时间的风土驯化，摸清了引入品种的特性后，才能逐步推广到生产单位进行饲养。良种

场应做好推广良种的饲养、繁殖技术的指导工作。

④ 开展品系繁育　品系繁育是引入品种选育中的一项重要措施。通过品系繁育除可达到一般的目的外，还可改进引入品种的某些缺点，使之更符合当地的要求；通过系间交换动物种，可防止过度近交；此外，还可通过综合不同品系，建立我国自己的综合品系。

⑤ 建立相应的选育协作机构　在开展引入品种的选育过程中，应该建立相应的选良协作机构、品种协会，加强组织领导和技术指导工作，及时交流经验，开展选育协作，促进选育工作的开展。

（二）纯种繁育

1. 品系繁育应具备的条件

品系的繁育，既可在品种内部选育形成，也可通过杂交培育而成。无论通过何种途径和方法育成，品系都必须具备下列条件。

① 突出的优点　突出的优点是品系存在的先决条件，它体现了品系存在的价值，同时也是区别不同品系的标志。

② 相对稳定的遗传性　品系应具有较高的遗传稳定性，尤其是能将自己突出的优点稳定地遗传下去，并在与其他品种或品系杂交时能产生较好的杂种优势。

③ 有一定数量的个体　品系应具有足够数量的个体，以保证其在自群繁育时不致被迫进行不适当的近交而导致品系的过早退化，甚至消亡。

2. 品系繁育的作用

品系繁育是指围绕品系而进行的一系列繁育工作，其内容包括品系的建立、品系的维持和品系的利用等。品系繁育的主要作用在于加速现有品种的改良，促进新品种的育成和充分利用杂种优势。

（1）加速现有品种的改良

① 利用品系繁育可以增强优秀个体或群体的影响，使个别优

秀个体的特点迅速扩散为群体共有的特点，甚至使分散于不同个体的优良性状迅速集中转变为群体所共有的特点，增加群内优秀个体的数量，从而提高现有品种的质量。

② 利用品系繁育可以将多个经济性状分散到不同品系（或品系群）中去选育，使各个性状均能获得较大的遗传进化，且在遗传上容易稳定，从而提高原有品种的性能水平。

③ 利用品系繁育可以使品种内不同品系间既保持基本特征上的一致，又使少数性状存在有较大差异，从而使原有品种在不断的分化建系和品系综合过程中得到改进和提高。

④ 利用品系繁育可使品系内保持一定程度的亲缘关系。而品系间存在相对的血缘隔离，从而使品种既保持了遗传的稳定性，又避免了近交衰退的危害。

（2）促进新品种的育成　品系繁育不仅可用于纯种繁育，也可用于杂交育种。当杂交育种的早期（杂交创新阶段）出现理想型个体时，就可以用品系繁育迅速稳定优良性状，并形成若干基本特性相似又各具特点的品系，建立品种的完整结构，促进新品种的育成。

（3）充分利用杂种优势　品系繁育不仅提高了品系的性能水平，也提高了各品系的遗传纯度，同时还使品系间保持一定的遗传差异。因此，这些品系间杂交可产生强大的杂种优势，用各品系的家畜与其他地方品种成品系杂交，也能获得良好的效果。

（三）品系繁育的步骤

1. 建立基础群

建立基础群，一是按血缘关系组群，二是按性状组群。按血缘组群，先将蚯蚓进行系谱分析，查清蚯蚓后代的特点，选留优秀蚯蚓后裔建立基础群，但其后裔中不具备该品系特点的不应留在基础群内。这种组群方法适宜在遗传力低时采用。按性状分群，是根据

性状表现来建立基础群。这种方法不管血缘而按个体表现组群。按性状组群在蚯蚓的遗传力高时采用。

2. 建立品系

基础群建立之后，一般把基础群封闭起来，只在基础群内选择蚯蚓进行繁殖，逐代把不合格的个体淘汰，每代都按品系特点进行选择。最优秀的亲本尽量扩大利用率，质量较差的不配或少配。亲缘交配在品系形成中是不可缺少的，一般只作几代近交，以后转而采用远交，直到特点突出和遗传性稳定，纯种品系即育成。

3. 血液更新

血液更新是指把具有一致的遗传性和生产性能，但来源不相接近的同品系的种蚯蚓，引入另外一个蚯蚓群。由于它们属于同一品系，仍是纯正种繁育。血液更新在下列情况下进行：一是在一个蚯蚓群中，由于蚯蚓的数量较少而存在近交产生不良后果时；二是新引进的品种改变环境后，生产性能降低时；三是蚯蚓群质量达到一定水平，生产性能及适应性等方面呈现停滞状态时。血液更新中，被引入的亲本在体质、生产性能、适应性等方面没有缺点。

选种是蚯蚓品质的选择，选择的蚯蚓种又通过选配来巩固选种的效果，因此，选配是选种的继续，也是育种工作中有机联系的重要方面。

二、选择育种方法

各个养殖场育种的目的是不同的，有的是专门为了提供蚯蚓种，有的是为了生产，因此对育种的要求就不同。若是为了提供蚯蚓种，那么就得详细地阅读前面的育种方法，按照其步骤一步一步地进行；若只是为本厂提供以生产为目的的幼蚓，则只需要简单地杂交，得到良好的后代即可用来生产产品了。

第三节　人工繁殖的技术要点

一、繁殖特性

（一）蚓茧

通常蚯蚓进行有性生殖繁殖后代，也可以进行再生。蚯蚓孤雌生殖、异体受精等生殖方式及其胚前发育等均有很大的差异，但都要形成性细胞，并排出含一枚或多枚的卵细胞的蚓茧。这是蚯蚓繁殖所特有的方式。蚯蚓的蚓茧生产场所、颜色、形状、大小、组成、含卵量以及其生产量常因种类而有差异。

不同种类的蚯蚓，其蚓茧生产的场所也有不同。一般陆栖蚯蚓的蚓茧产于陆地上。例如红色爱胜蚓、背暗异唇蚓、日本异唇蚓等常产于潮湿土壤表层，若土壤干旱则产于较深处。八毛枝蚓常产于腐殖层中，赤子爱胜蚓常产于农家肥堆处。水栖的种类，其蚓茧一般产于水中。

蚓茧的颜色常随着生产时间的推移而逐渐改变。通常初生产的蚓茧颜色为淡白色、淡黄色，后逐渐变为黄色、浅绿色或浅棕褐色，最后可变为暗褐色或紫褐色、橄榄绿色等。

蚯蚓蚓茧的形状也因种类不同有所差异。通常蚓茧的形状多为球形、椭圆形等，有的为纺锤形、袋形、花瓶形等，少数的蚯蚓蚓茧呈长管形或细长纤维状。此外，不同种类蚯蚓的蚓茧端部的形状和结构也不一样，如有的呈簇状、茎状，有的呈圆锥状或伞形，有的端部较突出。茧壁由交织纤维组成，此种纤维在开始形成时是软的，后来才逐渐变硬，而且十分耐干和耐损伤。

蚯蚓所产蚓茧的大小常常与蚯蚓个体大小成正相关。例如，世界上最大的澳大利亚巨蚓，其体宽为 24 毫米，蚓茧宽 20 毫米，长 75 毫米；陆正蚓产的蚓茧宽 4.5～5 毫米，长 6 毫米；而环毛蚓的

种类则比陆正蚓产的蚓茧小，宽约为1.8毫米，长2.4毫米。此外，蚓茧的长度与分泌黏液管和蚓茧膜的环带之长短有关。例如，淡黑巨蚓的环带体节有32节，所产的蚓茧长达70毫米以上。不过也有例外，如正蚓的蚓茧与体型差不多的某些环毛蚓所产的蚓茧相比，前者长6毫米，宽4.5～5毫米，后者长1.8～2.4毫米，宽1.5～2毫米。

不同种类的蚯蚓所生产的每个蚓茧，其内所含的卵量也是不同的。有的含多个，有的仅1个卵。如赤子爱胜蚓每个蚓茧内含有1～20个卵；环毛蚓蚓茧一般为1个卵，少数可达2～3个卵；红正蚓的蜘茧一般为1～2个卵，有时更多。

不同种类的蚯蚓所产的蚓茧量也有所差异。通常性成熟的蚯蚓，在适宜的条件下，在一年之内可以陆续生产蚓茧。不过，生活在自然界的野生蚯蚓蚓茧的生产有明显的季节性，因为在自然界常受各种生态因子的影响，遇到高温、干旱或食物供应不足等不良环境条件时，则常伴随蚯蚓的滞育、休眠而停止生产蚓茧。有时为了生存和延续后代，可能在较短的时间内生产较多蚓茧。

蚓茧茧壁系交织纤维，由三层构造组成：最外层为纤维结构；中层为交织的单纤维；内层为淡黄色的均质。初生的蚓茧，其壁的最外层为黏液管，一般黏性较大，随着时间推移，蚓茧变硬，黏液管逐渐干燥而溃散。黏液管的内面为蚓茧膜，此膜较坚韧，富有一定的保水、透水和透气的能力，发现有的蚯蚓蚓茧在土壤中保存3年而未腐烂分解。蚓茧膜内形成囊腔，并有似鸡蛋清的营养物质充斥着，卵、精子或受精卵悬浮其中。蛋白液的颜色、浓稠程度也常因蚯蚓种类和所处的环境有所差异。蚓茧对外界不良环境有一定的抵抗能力，但抵御不良条件的能力是有限的，如温度过高会使蚓茧内的蛋白质变性，温度过低会使蚓茧内的受精卵冻死，蚓茧长期被水淹没，会使蚓茧透水膨胀而导致蚓茧破裂而死亡，如果过于干燥，则会使蚓茧失去水分而导致干瘪。

（二）交配

蚯蚓性成熟后即可进行交配。蚯蚓的交配方式大多为异体交配受精方式。即把精子输送到对方的受精囊内暂时贮存起来，为之后的受精作准备。不同种类的蚯蚓交配的姿势大致相同，但有的种类也有所差异。蚯蚓都是雌雄同体，虽然许多种类也能行孤雌生殖生产蚓茧，但绝大多数的种类是以交叉受精生殖。有些种类在地面上交配，另一些种类在地下交配。除了处在不适宜的条件下或夏眠或滞育外绝大多数种类是全年周期性交配。不同的种类交配方式也有差异。如正蚓科的种类交配是两条蚯蚓的头尾交错腹面紧贴在一起，一条蚯蚓生殖带区紧贴在另一条蚯蚓的受精囊孔上，以完成交配。

例如赤子爱胜蚓在交配时，两条蚯蚓身体呈前后倒置，腹面相贴，一条蚯蚓的环带区域正对这另一条蚯蚓的受精囊孔区域。环带的前端，与另一条蚯蚓的雄孔区正对应。环带区所分泌的黏液可将两者黏附在一起，并且在环带之间有 2 条细长黏液管，将两者互相缠绕，两条蚯蚓相互贴近的腹面凹陷。此时具有明显的两纵行精液沟，当交配时精液沟的拱状肌有节奏地收缩，从雄孔排出的精液向后输送到自身的环带区，并进入到另一个体的授精囊内。两条蚯蚓相互授精完成后，则从相反方向各自后退，退出缠绕的黏液管，直到两个体完全脱离接触。这样的交配过程大约需 2～3 小时。在自然界，赤子爱胜蚓通常多在初夏和秋季夜晚时分，在含有丰富有机质的堆肥处交配，然而人工养殖的蚯蚓，只要条件适宜，一年四季均可交配繁殖。

在交配过程中，卵从蚯蚓的雌孔中排出体外，由于蚯蚓的卵细胞没有任何运动器官，只能被动地排出，也就是存在于卵囊或体腔液内的卵，依靠蚯蚓的卵漏斗和输卵管上的纤毛的摆动，使其经雌孔排出体外。

蚯蚓的受精过程是雏型蚓茧途经受精囊孔时，先前交配时所贮存的异体精液就排入雏型蚓茧内，从而完成了受精过程。精子具有纤毛状的尾部，可行游泳运动，可与悬浮的卵相遇而受精。

蚯蚓产生蚓茧是由蚓体环带分泌蚓茧膜和细长黏液管开始，经排卵到雏型蚓茧从体前端脱落，蚓茧前后封口为止。大多数种类的蚯蚓在生产蚓茧的过程中即开始了受精，有的蚯蚓是在交配结束后，利用交配时环带区分泌的细长黏液管便形成了蚓茧而受精。

图 7-1 是蚯蚓的交配和卵茧形成过程的示意图。

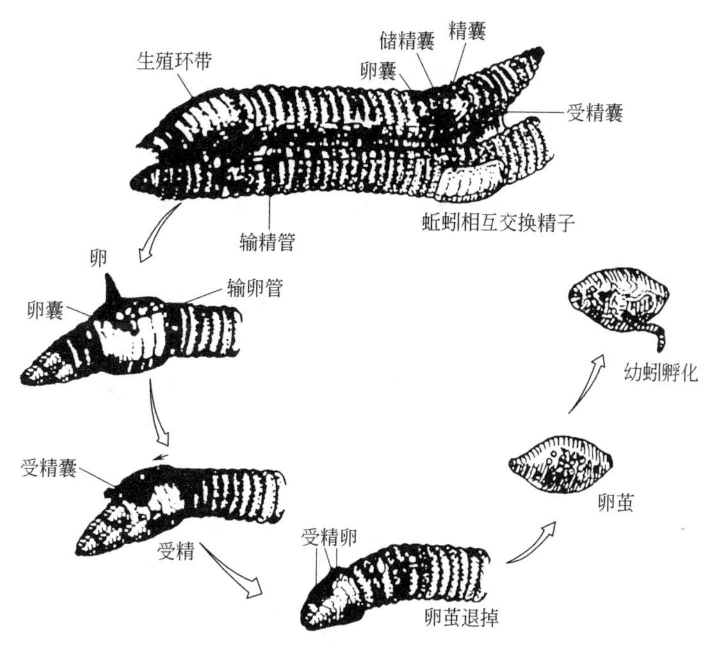

图 7-1　蚯蚓的交配和卵茧形成过程

（自 Hickman）

二、繁殖技术要点

蚯蚓繁殖的最佳温度为 20～30℃，在这个温度范围内蚯蚓交配最活跃，产卵量最大，孵化时间短，超过这一温度范围蚯蚓虽然也能繁殖，但效果要差一些。蚯蚓繁殖的最佳湿度为70%，可用手紧握饲料或培养基有几滴水从指缝流出，这时的湿度即相当于70%左右，如果水不断流下，这时湿度超过80%，不宜用来繁殖蚯蚓；如果没有水滴下，张开手后，培养基马上散开，这时湿度低于60%，也不宜用来繁殖蚯蚓。蚯蚓繁殖的最佳酸碱度是pH值7左右。繁殖时注意添加牛粪、瓜果等营养丰富的饲料。

第八章 蚯蚓的疾病防治

在自然界或人工养殖环境中，蚯蚓的病害和天敌较多，如各种食肉的野生动物、鸟类、爬行动物、两栖类，各种节肢动物和其他环节动物以及各种寄生虫，包括各种绦虫、丝虫、线虫和寄生蝇类和其他病菌。尤其各种鼠类如家鼠、田鼠、黄鼬等均非常喜食蚯蚓，并善于打洞，常钻进养殖场所大量取食蚯蚓和饲料，对养殖蚯蚓威胁很大。在野外养殖蚯蚓，许多鸟类喜食蚯蚓，也会造成一定的危害。

各种节肢动物、昆虫等常危害蚯蚓，尤其是各种蚂蚁，不仅喜食蚯蚓，而且也取食饲料，在饲养箱或料堆建巢，对幼蚓威胁较大，有时也常常将蚓茧拖入蚁巢中食用。许多多足动物、陆生软体动物，如蜈蚣、马陆、蜗牛和蛞蝓等也会食取蚯蚓或捕杀蚯蚓。

此外，许多绦虫、线虫的中间宿主为蚯蚓，为完成其生活史必须从蚯蚓体内度过，吸取蚯蚓体内营养，也会对蚯蚓造成危害。

有些寄生蝇类将卵产于蚯蚓体内。据报道有一种寄生性黑蝇，能把卵产于日本异唇蚓的体内，并在蚓内孵化幼虫，而食取蚯蚓体内的营养，最后引起蚯蚓死亡。还有一些原生动物，如线虫，常寄生于蚯蚓的食道、体腔、血管、生殖器官内和蚓茧内，这些都是危害蚯蚓的主要寄生虫。当然还有一些细菌、病毒和微生物也会引起蚯蚓发病，不过较少。

第一节 蚯蚓的病害

在人工养殖的饲养条件下，饲养床内酸性化以后，常有白色的线虫以及其他病菌繁殖，影响蚯蚓的健康，甚至引起大批蚯蚓的死亡。常见的是蚯蚓的生殖带红肿，全身出现念珠状结节，体色变黑，身体缩短，如果在这时把蚯蚓的身体解剖开来观察，可以发现它的消化道有破裂的症状，其中的食物腐败而发酸。在这种恶劣的环境条件下。健康的蚯蚓有时会从饲养床内爬出。患病的蚯蚓最后必然死亡并由于溶解酸的作用而自溶，在饲养床上竟找不到病蚓留下的尸体。发生这种情况时，蚯蚓的数量会迅速地减少。所以在病害发生之前，要进行预防，防止酸性化，病害发生以后，应及时采取抢救的措施。可以从改进饲养床着手，测定并调整酸碱度，耕床以增加空气的通透性，用石灰水来中和酸性，并可适量地撒以养鸡用的抗生素粉，进行消毒灭菌。

通常在解剖蚯蚓时，仔细观察，可以在它的体腔里发现某些寄生虫。在蚯蚓的身体里，可常见的寄生虫有原生动物门的簇虫类，扁形动物门的吸虫类和绦虫类，圆形动物门的线虫类，以及节肢动物门昆虫纲的一些幼虫。除去昆虫纲的幼虫外，大部分的寄生虫对蚯蚓的危害不很明显，但蚯蚓会因此而成为传播家畜和家禽某些疾病的中间宿主，这些病原体暂时停留在蚯蚓的身体里，一旦蚯蚓被家畜和家禽吞入，这些寄生虫就由蚯蚓体内转移到家畜和家禽的体内寄生。由于寄生虫会损害家畜和家禽的健康，甚至引起死亡，所以在用蚯蚓作饲料喂养家畜和家禽之前，首先要将蚯蚓放在沸水中煮开，把它体内的寄生虫杀死，然后切碎，才能用作饲料，这样就能杜绝由于饲喂蚯蚓而引起家畜和家禽的寄生虫病。

根据寄生虫生活史的特点，严格掌握几个环节，加以控制和杀灭，是可以确保养殖蚯蚓的健康和安全的。①对家畜和家禽的粪便要严格进行处理，一般经过堆肥充分发酵，利用高温可以将寄生虫的卵杀死。②人工饲养蚯蚓的场所要远离猪场和鸡场，避免蚯蚓爬到猪场和鸡场的四周，直接食入带有寄生虫卵的猪粪或禽粪。③对猪场、鸡场和蚯蚓的饲养床要定期检疫并采取灭虫的措施，防治寄

生虫病要做到治早、治小、治了。

有些蚯蚓病害是因不良环境条件的影响而造成的。蚯蚓最常见的疾病是因饲料酸化引起的。由于蚯蚓食取了大量酸化食物，引起细菌的急剧活动，致使蚯蚓的消化管内分泌碱性物质，肠道失去中和能力发生疾病。蚯蚓嗉囊和砂囊内发生异常发酵，引起蚯蚓蛋白质中毒症或胃酸过多症，其表现为全身出现痉挛状的结节，蚯蚓身体变得短粗，环带红肿，全身分泌大量黏液，或在养殖场所爬行或钻入饲料底部不进食，最后蚯蚓变白而死亡。病情严重的蚯蚓还会出现体壁破裂或体节断裂或蚓茧破裂。饲料的酸化还会引起昆虫和病菌的大量滋生，如红色壁虱、白线虫等。因此在养殖蚯蚓时，必须注意所投喂饲料的氢离子浓度（pH 值），使之调至中性，并在日常饲养管理中随时注意观察蚯蚓和饲料氢离子浓度的变化，这是养殖管理蚯蚓极为重要的环节。其他因素也会引起蚯蚓疾病，应予以重视。如：①蚓床湿度太大；②饲料 pH 值过高；③线虫、绦虫等畜禽寄生虫为害蚯蚓。

第二节　蚯蚓常见疾病的病因、症状以及防治方法

蚯蚓是一种生命力很强的动物，常年生活在地下，疾病很少发生。蚯蚓常见疾病只有几种，而且都是人为造成的，环境条件或饲料条件不当而引发的“条件病”。这些病只要调整一下环境条件就可以解决，几乎不用药物治疗，现介绍如下。

一、饲料中毒症

1. 病因

新加的饲料含有毒素或毒气引发蚯蚓急速中毒。

2. 症状

蚯蚓局部甚至全身急速瘫痪，背部排出黄色的体液，大面积死亡。

3. 防治方法

迅速减薄料床，将有毒饲料撤去，蚯蚓料床的基料加入蚯蚓粪吸附毒气，让蚯蚓潜入底部休息。

二、蛋白质中毒症

1. 病因

这是由于加料时饲料成分搭配不当引起。饲料中蛋白质的含量不能过高（基料制作时粪料不可超标），蛋白质饲料在分解时产生的氨气等有毒气体，会使蚯蚓发生蛋白质中毒；料中含有大量淀粉、碳水化合物，或含盐分过高，经细菌作用引起酸化，则会导致蚯蚓胃酸过多。

2. 症状

蚯蚓全身出现痉挛状结节，蚯蚓的蚓体有局部枯焦、一端萎缩或一端肿胀而死，未死的蚯蚓拒绝采食，环带红肿，体表分泌大量黏液，常钻入饲料底部不吃不动，最后全身衰竭，体色变白而亡。

3. 防治方法

掀开覆盖物，让蚓床通气，向蚓床喷洒苏打水或加入石膏进行中和。发现蛋白质中毒症后，要迅速除去不当饲料，加喷清水，钩松料床或加缓冲液，以期解毒。

三、食盐中毒症

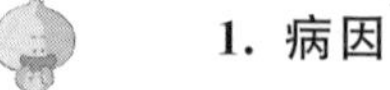

1. 病因

饲料中配入物含盐量超过1.2%，会引起食盐中毒反应。如直接取用腌菜厂或酱油厂废水、废料会使饵料的含盐量超标，幼蚓更容易发生中毒反应。

2. 症状

蚯蚓先是剧烈挣扎，很快会麻痹僵硬，体表无渗透液溢出也无肿胀现象，色泽逐渐趋白，且湿润。

3. 防治方法

立即清除基料或饲料，用大量清水冲洗。将中毒的蚯蚓全部浸入清水中，更换清水1～2次，待水中的蚯蚓再无挣扎状时，放水取出蚯蚓，放入新鲜基料中饲养。

四、胃酸超标症

1. 病因

是由于基料或饲料中含有较高淀粉和碳水化合物等营养物质，在细菌的作用下饲料产生酸化，造成蚯蚓体液的酸碱度的失衡，从而导致表皮黏液代谢的紊乱，引起蚯蚓胃酸偏高，使其食道中的石灰腺所分泌出的钙失去对胃酸的固有中和能力，并日趋恶化直至造成胃酸过多症。

2. 症状

表现为拒食，离巢逃逸，约半月左右，蚓体明显瘦小，无光泽，萎缩，全部停止产卵，严重者出现痉挛状结节、环带红肿、身体变粗变短，全身分泌黏液增多；在饲养床上转圈爬行，或钻到床底不吃不动，最后全身变白死亡；有的病蚓死前出现体节断裂现象。

3. 防治方法

处理方法是掀开覆盖物让蚓床通风，喷洒苏打水或石膏粉等碱性药物中和。

五、缺氧症

1. 病因

①粪料未经完全发酵，产生了超量氨、烷等有害气体；②环境

过干或过湿，使蚯蚓表皮气孔受阻；③蚓床遮盖过严，空气不通。

2. 症状

蚯蚓体色暗褐无光，体弱，活动迟缓。

3. 防治方法

应及时查明具体原因，加以处理。如将基料撤除，继续发酵，加缓冲带。喷水或排水，使基料土的湿度保持在30%～40%左右，中午暖和时开门、开窗通风，或揭开覆盖物，加装排风扇，这样此症就可得到解决。

六、水肿病

1. 病因

蚓床湿度太大，饲料pH值过高而造成。

2. 症状

蚯蚓水肿膨大、发呆、蚯蚓拼命向外爬，背孔冒出体液，滞食而死。有的甚至引起蚓茧破裂，或使新产下的蚓茧两头不能收口而染菌霉烂。

3. 防治方法

这时应减小湿度，开沟沥水，将爬到表层的蚯蚓清理到新鲜饲料床内。在原饲料中用过磷酸钙粉或醋渣、酒精渣降低酸碱度，过一段时间再试投给蚯蚓。

七、萎缩症

1. 病因

饲料配方不合理，或饲料成分含量单一，导致长期的营养不良。或是温度常高于28摄氏度，造成代谢抑制。蚓池较小、较薄，导致遮光性不强，使蚯蚓长期受光，使体内的生化作用紊乱。

2. 症状

表现为蚓体细短，色泽深暗，且反应迟钝，并有拒食的现象。

3. 防治方法

加强生态环境的管理以及投喂的饲料的多样化。将病蚓分散到正常的蚓群中混养，使之恢复正常。

八、细菌性疾病

（一）细菌性败血病

1. 病因

由败血性细菌沙雷铁细菌属灵菌通过蚓体表皮伤口侵入血液，并大量的繁殖而损伤内脏，导致死亡。它具有较高的传染性，受伤的蚯蚓接触死蚓后即被传染。

2. 症状

表现为蚯蚓呆滞瘫软，食欲不振。继而吐液下痢，伴有浮肿，很快就水解，产生腐臭味。

3. 防治方法

首先清除病蚓，以 200 倍“病虫净”水溶液进行全池喷洒消毒。每周一次，2～3 次即可灭菌。其次，以 1000 单位的氯霉素拌入 50 千克的饲料中投喂，连喂 3 天。

（二）细菌性肠胃病

1. 病因

此病是由球菌如链状球菌在蚓体消化道内繁殖引起的一种散发性细菌病。一般在高温多湿的气候下发生。

2. 症状

表现为初期严重拒食，继而钻出基料表面，呈瘫软状，并频繁下痢吐液，3 天左右死亡。

3. 防治方法

将病蚓置于 400 倍的“病虫净”水溶液中，在容器内斜放一木板，让其浸液消毒后爬上木板，凡无力爬上者为染病蚓，应予淘汰。

爬上者即取出投入新的基料中饲养。也可以参照“细菌性败血病”的方法治疗。

九、真菌性疾病

（一）绿僵菌孢子病

1. 病因

此病由绿僵菌引起的。该菌适应于温度较低的环境中，一般在春季与夏季发病，随着春季的气温升高，绿僵菌孢子的弹射能力及萌发能力降低，致病力也随之减轻了，患病的蚯蚓可以痊愈。但到了秋季情况正好相反，蚯蚓一旦染病，绿僵菌孢子便会在蚯蚓血液中萌发，生出菌丝，蚯蚓最终死亡。此病主要是由于基料灭菌不严引起的，基料是主要的感染源。

2. 症状

初期症状不明显，当发现蚯蚓的体表发白时，蚯蚓已停食，几天后便瘫软而死，尸体出现环节干枯萎缩，口及肛门处有白色的菌丝伸出，布满尸体表面。

3. 防治方法

首先要清除病蚓，更换养殖池与基料。其次是用 100 倍“病虫净”水溶液喷洒池壁，全面消毒。特别是在春秋季节的时候，更要消毒灭菌。一般每隔 10 天以 400 倍“病虫净”水溶液喷洒池壁一次，剂量为每平方米 500～1000 毫升。

（二）白僵菌病

1. 病因

此病由白僵菌感染所致。该菌对群体蚓威胁不大，只是当该菌在生长过程中分泌出毒素时才会致蚯蚓死亡。

2. 症状

表现为病蚓暴露于表面，体节呈点状坏死，继而蚓体断裂，很

快僵硬，逐渐被白色气生菌丝包裹。发病时间为5～6天。

3. 防治方法

与绿僵菌孢病相同。

十、寄生虫疾病

蚯蚓的寄生虫病分为两大类，一类是蚓体的寄生虫病，是直接寄生在蚯蚓体内，也就是靠蚓体养分生存的寄生虫；第二类是养殖池内或基料的寄生虫病，即虫体只寄生于池内的基料中间接影响蚯蚓的生活的寄生虫病。若管理得当则完全可以防止此病的发生。

（一）毛细线虫病

1. 病因

由毛细线虫引起。此虫体形细如线，表皮薄而透明，头部尖细，尾部钝圆形，此虫为卵生，卵形如橄榄。此虫原是水族寄生虫，由于蚯蚓的基料含有水草或投喂生鱼内脏而将毛细线虫卵带入蚓池而使之受到感染。该虫进入蚓体后便寄生于肠壁和腹腔内，大量消耗蚓体的营养物质，并引起炎症，导致蚯蚓瘦小和死亡。

2. 症状

表现为病蚓一直挣扎翻滚，体节变黑变细，并断为数截而死亡。

3. 防治方法

将虫卵排出体外后孵出的幼虫用药物杀灭。方法是每周喷洒400倍的“病虫净”一次，直至痊愈。同时，经常更换池底湿度较大的基料，尽量消除适合虫卵高湿孵化的环境。另外，该虫卵在28℃左右时才能孵化出幼虫，因此将池内的温度控制在25℃左右，能有效地防止该虫的扩散。

（二）绦虫病

1. 病因

由绦虫引起。绦虫的种类很多，蚯蚓是其中间宿主。此病主要发生在夏季，能引起蚯蚓发病死亡。

2. 症状

表现为肠道发炎坏死，蚯蚓一次性多处断节而亡。

3. 防治方法

以600倍的“病虫净”喷洒养殖池，杀灭病蚓和基料中的虫体。平日严禁生喂鱼杂。

（三）吸虫囊蚴病

1. 病因

本病是因为扁弯口吸虫的后囊蚴寄生于蚯蚓的体环带中所引起的。螺、蜗牛、鱼类和蚯蚓是它的主要中间寄主。该病分布极广，对鱼类的危害严重。对蚯蚓的感染主要是管理不当引起的，感染源主要是生鱼杂、蜗牛与鸟类。

2. 症状

该病使蚯蚓环带发炎、坏死。蚓体肌肉充血而死。初期表现是蚓环带流黄色脓液，继而肿大。2～3天后开始萎缩坏死，有时环带处断裂。产生全身性的点状充血紫斑，并萎缩枯死。

3. 防治方法

同绦虫病的防治方法，同时还要控制鹭科鸟进入养殖区。

（四）双穴吸虫病

1. 病因

此病是由双穴吸虫寄生于蚓体引起的。致病虫体为湖北双穴吸虫和匙形双穴吸虫的后囊蚴或尾蚴。两种虫的成虫都寄生在鸥鸟的肠道中，椎实螺是其中间宿主。凡是有鱼类与水鸟的地域均

有大量的发现。主要是吸食蚯蚓体内的血液，并导致炎症而死亡。

2. 症状

表现为间断性头部挣扎，后期为全身发紫，继而变白，白中现紫斑，死亡过程较缓慢。

3. 防治方法

控制鸥鸟接近，杀灭中间宿主椎实螺。其他的方法同绦虫病防治。

（五）黑色眼菌蚊危害

1. 病因

由黑色眼菌蚊引起的，该菌蚊属双翅尖眼菌蚊科。身体微小，长2毫米左右，呈灰黑色。夏季为该虫活动高峰期，9月中旬后数量大减。主要危害是咬碎基料，降低气孔率，吃掉微生物使蚯蚓不能爬向表层活动，严重降低产卵率及幼蚓的成活率。

2. 防治方法

以400倍的“病虫净”喷洒养殖池表面。应在蚯蚓未爬到表面时喷洒，而且速度要快，只微量地一扫而过，否则对蚯蚓有害。其次可将池内浸水，让其成虫浮起而去除。也可用灯光悬于池边，灯下放一小火炉，成虫趋光飞起被火炉热气熏落火中而死。

（六）红色瘿蚊的危害

1. 病因

该病由红色瘿蚊引起，该虫危害作用与黑色眼菌蚊相同，但程度更为严重。红色瘿蚊体形长约0.8～1毫米，鲜橙色，复眼大而黑。瘿蚊适应性极强，一年四季繁衍。该虫极喜腐熟发酵物，基料是其繁殖生长的良好条件，故一周内便可导致整个蚓池一片红色，造成蚓池上层无一蚯蚓。一旦产生虫害，将严重影响蚯蚓的产卵量，也影响蚯蚓的正常进食和活动，破坏整个养殖环境，限制蚯蚓的生长。瘿蚊还会携带和传播病毒。

2. 防治方法

同上述“黑色眼菌蚊”的防治。

（七）蚤蝇的危害

1. 病因

由蚤蝇引起，该虫大量消耗蚯蚓饲料，严重污染甚至破坏蚯蚓的生活环境。其体长约 8 毫米，色灰黑。5～10 月为活动盛期，该虫善跳，趋光性强。幼虫极喜腐败物质，大量吞食酶解营养成分。严重地影响和妨碍种蚓产卵及其正常生活，使繁殖率大幅度下降，甚至造成全群覆灭。

2. 防治方法

同上述“黑色眼菌蚊”的防治。

（八）粉螨的危害

1. 病因

由粉螨引起。粉螨种类繁多，危害最严重的是腐食酪螨和嗜木螨两种。粉螨体圆色白，须肢小而难见。它常以真菌有机分解物为食，对封闭性食用菌菌丝及基料危害极大，故以食用菌废基料作为蚯蚓基料时就会大量繁殖，造成蚯蚓群体逃逸和抑制产卵。

2. 防治方法

用 0.05%长效灭蚊剂喷洒养殖床表面 1～2 次，即可全部杀灭。

（九）跳虫的危害

1. 病因

由跳虫引起。此虫俗名跳跳虫，种类较多，常见的有菇疣跳虫、原跳虫、蓝跳虫、菇跳虫、黑角跳虫、黑扁跳虫等。体长 1～

1.5毫米，形如跳蚤。多在粪堆、腐尸、食用菌床、糟渣堆等腐殖物上活动。其尾部较尖，具有弹跳能力，弹跳高度为2～8厘米。其体表有油质，可浮于水面。幼虫形同成虫，色白，休眠后脱皮而转为银灰色。卵为半透明白球状，产于表层。主要群聚于养殖池表面啃啮基料成粉末状。还可直接咬伤蚯蚓致死。

2. 防治方法

同"粉螨"的防治方法。

（十）猿叶虫的危害

1. 病因

由猿叶虫引起。此虫主要有大猿叶虫和小猿叶虫两种，是十字花科蔬菜的主要害虫之一。两种猿叶虫形状相近。一般成虫在腐树叶、松土4～8厘米处越冬或潜入15厘米以下腐叶或土中蛰伏夏眠，平日活动频繁。幼虫与成虫一样都有假死习惯，很会迷惑人。主要危害基料及直接伤害蚯蚓或卵。

2. 防治方法

同上述跳虫的防治。

第三节 蚯蚓天敌的防除

蚯蚓的天敌较多，一般杂食性、肉食性和寄生性的动物均是它的天敌，例如蚂蟥、蜈蚣、螨、蜘蛛、寄生蝇、蚂蚁、青蚯蚓、蟾蜍、蛇、麻雀、画眉、喜鹊、乌鸦、乌鸫、鸫、田鼠等。在蚯蚓养殖池或饲养床内常见的则是其中的蚂蟥、螨、蚂蚁、蟾蜍和鼠类。为了防止危害蚯蚓的天敌进入池、床，可以在池、床外的四周撒布杀虫剂。为了避免蚯蚓误食杀虫剂而引起中毒死亡，也可以采取一些别的措施：在投放种蚓时尽量防止蚂蟥混入饲养池、床，加料时也要禁止蚂蟥随料进入池、床，用西瓜皮、水果核或人们食用后的肉骨头诱杀蚂蚁，用面粉诱杀螨，用鼠夹或鼠笼捕捉鼠类，用稻谷或麦粒诱捕麻雀等鸟类。其他防治方法：在养殖床周围挖水沟防范，用猫捕杀鼠，用百虫灵喷杀蚂蚁、蟑螂、蝼蛄等。

第九章 蚯蚓的采收与运输

第一节 蚯蚓的最佳采收时间

蚯蚓繁殖很快，需要及时采收。蚯蚓有祖孙不同堂的习性，如不及时采收，成蚓就会外逃。大小混养还会造成近亲交配，使种蚓退化。所以当成蚓长大，幼蚓已大量孵出，每平方米约 2 万条后应及时采收，不要延误。在养殖蚯蚓形成规模，进入生产阶段后，幼蚓刚好长大成熟（每条约 0.3～0.4 克，蚯蚓头部出现一个环的时候），就要添加少量的新鲜饲料以提高蛋白质含量让蚯蚓得到催肥，一般再饲养 1～5 天后就要马上把蚯蚓分离出来进行利用。否则再养下去，蚯蚓虽然还会生长，但吃得多，长得慢，很不经济。不仅如此，在饲料供应不足时，蚯蚓身体还会变小。所以，在蚯蚓生产过程中选择最佳的分离利用时期是提高经济效益很重要的一环。

一、补料和清粪

当饲料被蚯蚓吞食一个阶段时间后（约 1 个月左右），要及时补充营养丰富的新饲料。否则，养殖的蚯蚓会逃逸，或者逐渐消瘦。因此，及时给蚯蚓补料可以促进蚯蚓生长和繁殖。补料一般在清粪后进行，蚯蚓一般由上而下取食，粪排泄在表面上长期堆积，对蚯蚓生长繁殖不利，应及时消除。当面上的蚓粪厚达 3～5 厘米时，应刮取蚓粪，同时补充新料。投料数量和换料时间，以蚯蚓的日摄食量为准（大约是蚯蚓体重的 80%）。

二、采收时间

夏季每月采收一次，春、秋季1个半月采收一次。养殖床蚯蚓密度达到2万～3万条/平方米，80%的个体体重达到0.3克以上时，可收集成蚓调整养殖密度，以利于扩大繁殖，是最佳的采收时间。

第二节　蚯蚓的采收

一、野生蚯蚓的采收

野生蚯蚓在7～9月间采收。一般用鲜辣蓼草捣烂，或茶油饼泡水，灌入蚯蚓多的地方，趁它窜出地面时，收捕加工成地龙干。

二、养殖场内蚯蚓的采收

（一）光热刺激采集蚯蚓方法

根据蚯蚓惧光怕热的习性，建造一定的装置来饲养蚯蚓，可使蚓体与蚓粪分离。用这种装置养殖蚯蚓，可因地制宜建造为四个饲育床平面A，A′，B，B′饲育床。

种蚓采用隔床放入（比如A床和B床中放入，A′床和B′床中不放入）的方式；或者改变隔床放入的量（A床和B床中一般放入，A′和B′中少量放入）等。采集蚯蚓具体操作方法如下。首先取掉覆盖物，然后在A′饲育床上敷设16～32个网眼/平方英寸[1]的M网，在其上面加上防御用金属网，再加上5～10个网眼/平方英寸的N网。接着取A饲育床中表面下5厘米的腐熟饲料（其中大的块状物应仔细加以粉碎），把它铺在A′饲育床上。床上有日光照射，由于蚯蚓怕光怕热，蚯蚓就朝下方移动。日照不足蚯蚓不太移

[1] 1平方英寸＝6.45×10^{-4}平方米。

动时，可用设在饲育床上的电热装置加热，强迫蚯蚓向下方移动。这样，饲育床敷设物内的蚯蚓通过 N 网到达 M 网，幼蚯蚓被阻止在 M 网上，就可以捕获蚯蚓。

反复进行上述操作，处理完 A 饲育床中基料，就这样，增值用的蚯蚓都从 A 饲育床移向了 A′饲育床。这种方法能够大大节省劳力和经费，但这种方法也常常受到气候影响。

（二）光照下驱法

利用蚯蚓的避光特性，在阳光或灯光的照射下，用木板逐层刮料，驱使蚯蚓钻到养殖床下部，最后蚯蚓聚集成团，即可收取。

（三）甜食诱捕法

利用蚯蚓爱吃甜料的特性，在采收前，可在旧饲料表面放置一层蚯蚓喜爱的食物，如腐烂的水果等，经 2～3 天，蚯蚓大量聚集在烂水果里，这时即可将成群的蚯蚓取出，经筛网清理杂质即可。

（四）水驱法

适于田间养殖。在植物收获后，即可灌水驱出蚯蚓；或在雨天早晨，大量蚯蚓爬出地面时，组织力量，突击采收。

（五）红光夜捕法

适于田间养殖。利用蚯蚓在夜间爬到地表采食和活动的习性，在凌晨 3～4 点钟，携带红灯或弱光的电筒，在田间进行采收。

（六）干燥逼驱法

对旧饲料停止洒水，使之干燥，然后将旧饲料堆集在中央，在两侧堆放少量适宜湿度的新饲料，约经两天后蚯蚓都进入新饲料中，这时取走旧饲料，翻倒新料即可捕捉。

（七）笼具采收法

用孔径为1～4毫米的笼具，笼中放入蚯蚓爱吃的饲料。将笼具埋入养殖槽或饲料床内，蚯蚓便陆续钻入笼中采食，待集中到一定数量后，再把笼具取出来即可。

第三节 蚯蚓的运输

一、商品蚯蚓的包装运输

在常温下，活体蚓可采取干运和水运两种方法。

（一）干运法

将膨阶珍珠岩加温干燥后浸入营养液中，使其吸附一定营养物质和水分，就可作为营养载体。

方法：先将长效增氧剂密封于塑料袋中，并在袋一面钻若干针孔，以供吸水、放氧之用。将其放在漏水的装运容器底部，有孔面向上。然后，将膨阶珍珠岩营养载体与软质塑泡沫碎片拌匀倒入装运容器内，在容器上部留出20厘米空间。向容器内均匀喷洒水，约30分钟后，如容器底部积蓄约5厘米的水，即可投入商品活蚓了。投蚓量可按每立方米40万～60万条计算（视气温高低而定）。

（二）水运法

因蚯蚓在水里能生活一段时间，因此水运法是一种将商品蚓贮于清水中进行运输的一种可靠方法。关键在于水质。将消毒的自来水盛于容器中夜露一晚，使其释放掉所有氯离子。然后，按0.0025％的浓度投入长效增氧剂，随即按每立方米水体60～100千克的比例投入商品蚯蚓。最后调节水位至容器口沿下30厘米处即可封盖托运。此方法一般可贮运10～15天左右，但必须每

天换入增氧水30%以上。或是用木桶、干净的塑料桶、装鱼苗用的帆布桶、氧气袋盛以相当蚯蚓体重10倍的无污清水，水体高度不超过60厘米。此法运输可保证蚯蚓在10小时内不会出现死亡。

（三）小袋运输法

通常采用的办法是，将250～500克（约500～1000条）活蚯蚓，连同7倍于蚯蚓重量的饲料，一起装入有许多小孔（孔径不超过2毫米）的塑料袋中，袋中用细绳扎好，然后放进用厚纸板制成的蚯蚓盒内，蚯蚓盒的容积至少要比袋装蚯蚓的体积大1/6。包装的蚯蚓饲料用发酵完好、没有臭气、营养丰富的猪、牛粪加水果下脚料，饲料含水量为75%左右，保存温度不得超过25℃。这种包装方法可使袋内全部蚯蚓存活50天左右。

（四）组装运输法（此法参照天津某养殖场的方法）

一般采用养殖箱运输。用木箱、柳条筐或竹篾筐，规格为0.8米×0.5米×0.3米合适。将蚯蚓装到最大密度（每平方米5万条左右），清理出蚯蚓粪与原基料，放置相当于蚯蚓体重2倍的新加工好的饲料。装箱时要保证留一半的空隙，保证湿度不超过70%，温度不超过27℃，2～3天内可安全运输。如果短途运输，可用麻袋包装，但每袋之间要有支架，每袋蚯蚓不能超过15千克，总重约50千克。

二、高温季节贮运

蚯蚓对高温极其敏感，因此，在夏季贮运蚯蚓，安全措施很重要。蚯蚓自身潜藏着一种溶解酶，一旦发生死亡，这种溶解酶立即会从蚓尸上大量产生，致使蚓尸完全溶解而发出奇臭气味，从而造成极大的环境污染。

三、蚯蚓卵茧的包装运输

（一）高温季节的运输

高温季节，蚯蚓卵茧在运输中会受到黄霉菌和水霉菌及腐败细菌的危害。霉菌的产生主要是高温高湿引发的。因此，除了按照常温季节贮运的方法外，还要减小密度，包装箱要薄要透气，透气孔可多一些，也可在箱内放置几支与箱外通气的换气筒，在载体中混入一些刨花等。当气温在35℃以上时，必须带冰运输，以使箱内温度低于25℃。

（二）寒冷季节贮运

冬季贮运蚯蚓卵茧，务必采取特殊包装方法。蚓卵茧的包装运输一般以原基料为主要贮运载体。如向南方运输，可直接用原有基料或菌化牛粪进行包装运输。如向北方运输，必须组合运输用载体进行贮运。下面介绍两种可发热御寒的贮运载体。

1. 鲜牛粪混合载体装运

将风干的鲜牛粪和菌化牛粪各取一半混均匀后，分多层包裹蚓卵，使之结成球团，然后取部分鲜牛粪将球团包裹一层，再包上一层保温薄膜即可装箱托运。也可将麦麸与5倍的鲜牛粪混匀后分多层包裹蚯蚓卵茧，使之结成球团，然后以原基料载体为垫层，将包裹好的球团居于木箱中央，周围填满基料即可装运。另外，还可将刚筛出的黄粉虫干粪粒拌入3倍的鲜牛粪中反复揉搓，压成饼状，铺于保温薄膜上。然后将蚓卵与原载体放置该饼正中，将蚓卵包裹成球状后，连同保温薄膜一起置于木箱中包严、钉箱即可托运。

2. 鲜禽粪混合载体的装运

将鲜禽粪进行高氯消毒后风干至含水率为40%左右，与原基料混合成装运载体，或与菌化牛粪混合成装运载体。可将消过毒的鸡、鸽等鲜禽粪裹上一层麦麸，拌入等量的原基料载体后，分层包

裹蚓卵成一球团，然后以塑料薄膜包严、装箱即可。也可将净化过的鲜禽粪与等量的菌化牛粪等分混合后压成若干厚约2厘米的薄饼，然后在薄饼上铺上一层蚓卵，并将所有薄饼叠起，高度约等于薄饼的直径。最后以硬泡沫塑料板作保温内衬装箱钉盖。另外，还可采用含水率约为60%的食用菌废基料加5%的麦麸拌成的贮运载体进行装运。

第十章 蚯蚓的加工和利用

第一节 蚯蚓的加工方法

收获来的蚯蚓除可作为饲料外，还可以通过一些特殊的方法，从蚓体内提取各种药物和生化制品，如氨基酸、蚓激酶、地龙素等；也可以加工成许多美味可口、营养丰富的食品，如蚯蚓蛋糕、蚯蚓面包、炖蚯蚓、蚯蚓干酪和蘑菇蚯蚓等。

从蚯蚓体内提取的各种氨基酸和各种酶类，是极好的化妆品原料，由蚓体提取物制成的化妆品橘油蚯蚓霜有促进皮肤的新陈代谢、防止皮肤老化、增强弹性、延缓衰老的功效。蚯蚓的体腔液中还含有多种蛋白水解酶和纤溶酶，对蛋白质的分解有较强的活性。用蚯蚓的浸出液对久治不愈的慢性溃疡和烫伤都有一定的疗效。

收获的蚯蚓及蚓粪，因其用途不同也就有不同的处理加工方法。下面具体介绍几种加工方法。

（一）鲜蚯蚓

收获的蚯蚓不仅可直接喂养猪、鸡、鸭、兔，虾、鳖、牛蛙等，而且还可作为人类的食品。近几年来，在一些经济发达的国家和地区，出现有蚯蚓食品和蚯蚓菜肴等。蚯蚓的烹调以蒸、炒、炸、煎为主，红烧蚯蚓味道鲜美，胜过海鲜。鲜蚯蚓还可加工成蚯蚓蛋糕、蚯蚓面包、蚯蚓干酪等。

（二）地龙干

将蚯蚓用温水浸泡，洗去其体表黏液，再拌入草木灰中将其呛

死。去灰后，用剪刀剖开蚯蚓身体，洗去内脏与泥土，贴在竹片或木板上晒干或烘干。为了提高蚯蚓的临床疗效，改变作用的部位和趋向，使患者乐于服用，常用炒、酒制、滑石粉制等处理。

① 炒地龙　取干净地龙段，放置锅内，用文火加热，翻炒，炒至表面色泽变深时，取出放凉，备用。

② 酒地龙　取干净地龙段，加入黄酒拌匀，放置锅内，用文火加热炒至表面呈棕色时，取出，放凉，备用。

③ 滑石粉制地龙　取滑石粉，置锅内中火加热，投入干净地龙段，拌炒至鼓起，取出，筛去滑石粉，放凉，备用。

④ 甘草水制地龙　取甘草置于锅中，加水煎成浓汤，后放入净地龙段，浸泡 2 小时捞出，晒干，备用。

加工好的地龙干应贮藏在干燥容器内，置通风干燥处，防霉，防蛀。

（三）蚯蚓粉

将鲜蚯蚓冲洗干净后，烘干，粉碎，即可得蚯蚓粉。

收获大量蚯蚓后，除可直接使用鲜活的蚯蚓喂养鱼、虾、鸡、鸭、鳖、牛蛙外，还可将收获的蚯蚓产品烘干或冷冻干燥，但不能直接放在太阳下暴晒，因为太阳的紫外线会破坏蚯蚓的营养成分。烘干后得蚯蚓可放入粉碎机或研磨机中粉碎、研磨，加工成粉状。也可以用冷冻干燥机在低温真空下把蚯蚓体内水分蒸发掉而获得蚯蚓的干体，利用这种冷冻干燥的方法加工的蚯蚓其营养成分保持不变。这种蚯蚓粉也可直接喂养禽畜和鱼、虾、鳖、水貂、牛蛙等，也可以与其他饲料混合，加工成复合颗粒饲料，也可以较长时间地保存和运输。

（四）蚯蚓浸出液

取鲜蚯蚓 1 千克，放入清水中，排净蚯蚓消化道中的粪土，并洗去蚯蚓体表的污物，放入干净的容器中，再加入 250 克白糖，搅拌均匀，大约经 1～2 小时后，即可得到 700 毫升蚯蚓体腔的渗出液，然后用纱布过滤。所得滤液呈深咖啡色，再经高压高温消毒，可置于冰箱内长期贮存备用。

（五）蚯蚓提取物

取人工养殖的大平 2 号蚯蚓放入清水浸泡 1 小时使其内脏中的污物尽量排出，然后经过生化方法提取纤溶酶，用于生产新型溶栓药物。

（六）蚓粪

刚采收的蚓粪大多含有水分和其他杂质，必须经过干燥、过筛、包装以及贮存等工序。蚓粪的干燥有自然风干和人工干燥两种方法。自然风干即把收集来的蚓粪放在通风较好的地方进行晾晒，通风干燥。人工干燥，大多采用红外线烘烤的方法除去蚓粪中的水分，速度较快，并能杀死细菌。将干燥的蚓粪过筛，清除其他杂物，封入塑料袋中包装即可。

蚯蚓粪的用途很广，一方面蚯蚓粪是优质高效的有机肥，是一种土壤改良剂；另一方面它也是一种能促进畜禽生长的饲料。

第二节　蚯蚓的利用

一、蚯蚓中氨基酸和硒的药用

通过现代生物技术，可从蚯蚓中提取有一定抗癌作用的药品、溶解血栓的药品、富含 17 种氨基酸的高级营养保健品、治疗烧伤烫伤的外用药。蚯蚓含有十分丰富的营养成分，它的干体含纯蛋白质约 70%，且蛋白质质量优良，含有 17 种氨基酸，为其他许多食物中所少有。蚯蚓含硒量高，在每天的膳食中添加 10 克左右的蚯蚓干粉，就可满足人体对必需微量元素硒的正常需要。

二、蚯蚓中的次生代谢物的药用

科学家已经从蚯蚓中分离出一种胍类，并证明其具有抑制小鼠

自发性乳瘤生长的作用。研究表明，乙烯基团的存在及其长度对胍类的抗肿瘤作用具有重要意义，抗肿瘤活性的作用点位于胍乙基基团。不同给药途径影响抗肿瘤作用，皮下注射时的作用强于口服给药。

药用蚯蚓在我国传统医学中称为"地龙"，含有较高的不饱和脂肪酸，丰富的钙、磷、钾、铁、铜、锌、锰和硒等微量元素，含有多种维生素，以及蚯蚓素、蚯蚓解热碱、蚯蚓毒和嘌呤、胆碱、胆甾醇等多种活性成分。研究表明，蚯蚓提取物在体外对癌细胞有直接抑制作用。蚯蚓中抗肿瘤活性成分的化学性质及其具体作用机制有待于更深入的研究。

三、蚯蚓中各种酶及其抽提物的药用

学者们研究发现，蚯蚓的各种酶类含量较高，如纤维蛋白溶解酶（纤溶酶）、纤维蛋白溶解酶原激活酶（纤溶酶激酶）、超氧化物歧化酶、过氧化氢酶、纤维素酶和胶原酶。此外，国内对蚯蚓活性蛋白的纯化也有诸多研究。对赤子爱胜蚓抗肿瘤活性蛋白组分的纤溶酶和纤溶酶激酶活性进行分析，发现具有较强癌细胞杀伤活性的蚯蚓抽提物不仅同时含有纤溶酶和纤溶酶激酶，而且进一步根据丝氨酸蛋白酶抑制剂实验发现相关酶类是该细胞杀伤活性的必要成分。蚯蚓提取物不仅具有抗肿瘤的作用，对放疗、化疗和热疗也有增效作用，其作用机理可能是与增强机体免疫功能及自由基有关。蚓激酶即蚯蚓纤溶酶，是一组从蚯蚓体内分离出的具有抗凝血作用的蛋白酶，是一类复杂的蛋白酶，其复杂性表现在组分多样性、结构多样性、酶学特性多样性几个方面。同一种蚯蚓体内能分离出至少 2 种以上具有抗凝活性但是分子量和生化特征不相同的蛋白酶。利用蚯蚓提取蛋白酶获得了成功，此药可以代替尿激酶，是治疗心肌梗死、脑血栓的特效药。

第十一章 蚯蚓养殖场的经营管理

一、经营与管理的概念

经营与管理是两个不同的概念，它们是目的和手段的关系。经营是指在国家法律法规允许的范围内，面对市场需要，根据企业的内、外环境和条件，合理地组织企业的产、供、销活动，以求用最少的投入取得最大的经济效益。管理是根据企业经营的总目标，对企业生产总过程的经济活动进行计划、组织、指挥、调节、控制、监督与协调等工作。经营和管理是统一体，两者相互联系、相互制约、相互依存。经营主要解决企业方向和目标等根本性问题，偏重于宏观决策；管理主要是在经营目标已定的前提下，如何组织实现的问题，偏重于微观调控。

经验实践证明，如果经营决策失误和生产管理不善，就会给生产带来严重损失，浪费人力和物力。良好的经营决策和科学的生产计划和管理，会使养殖企业由生产型转变为生产经营型，使企业的活动范围很快由生产领域扩展到流通领域，可充分利用内部的条件，提高产品的产量和质量，提高生产效率，并很快把产品销售出去，实现生产过程和流通过程的统一，就会获得较好的经济效益。

二、经营管理的职能

蚯蚓场的经营管理就是通过对蚯蚓场中人、财、物等生产要素和资源进行合理的配置、组织、使用，以求用最少的消耗获得尽可能大的物质产出和经济效益。具体的管理职能主要有五个方面。

(一) 经营决策

根据规模养殖场的经营方针、当地自然经济条件、饲料来源、技术力量、资金和设备状况，结合市场需求，通过充分的调查研究，分析论证，提出方案，进行选择和决定。这是实现正确经营的第一步。决策存在于现代养蚯蚓场经营的全过程，凡是蚯蚓场的建设、项目的选择、产品销售、市场的开拓等，都存在一个决策过程。每一个决策过程都有着众多而复杂的客观因素。因此，对每一决策都应首先进行市场调查和市场预测，然后对其在未来时期中可能的表现及发展趋势进行研究，并对其在近期和远期为实现这一目标所应采取的措施作出决策。市场调查的内容应包括：蚯蚓及蚯蚓制品的供求关系；市场销售渠道、销售方法和销售价格；产品的竞争能力；市场蚯蚓、种蚯蚓的成交情况；养殖蚯蚓的饲料及其设备供应情况；本地区常见蚯蚓病等。市场预测的内容应包括：本地区近阶段有何资源开发，可能新增人口增长对蚯蚓与蚯蚓制品需求量的变化；饲料价格变化对养殖蚯蚓发展的影响等。

经营决策正确与否，往往是将来经营成败的关键，也是能否办好蚯蚓场的关键。只有经营决策正确，产品适销对路，符合社会需要，蚯蚓场才能获得利润，才能有生命力，才有发展前途。

(二) 计划职能

确定经营目标后，还必须制订详细的经营计划，以保证实现经营目标。如生产计划、基建计划、劳动工资计划、蚯蚓群周转计划、饲料计划、产量计划、销售计划、成本计划等。

(三) 组织、协调职能

即在经营目标作出决策后，为实现这一目标组织各个部门进行合理配置生产力，把蚯蚓池、设备、劳力、技术和物资等生产要素科学而协调地加以组合和运用。通过这一职能的实现，使全场职工在经营活动中互相配合，相互支持，将孵化、育雏、育成、产卵、饲料加工、药品供应和产品销售等各生产部门有机地结合起来，做到互相协调配合，保证生产的正常运转。

（四）指挥职能

正确指导蚯蚓生产和经营活动的进行。为实现这一职能，必须自始至终了解和掌握生产、经营全过程，经常协调蚯蚓场内部各部门，蚯蚓场与外部有关部门的正常关系，掌握生产、经营发展趋势，并及时做出正确判断和决定，合理调节人力、物力和财力，努力实现生产经营全过程的正确指挥，以保证顺利实现经营目标。

（五）监管职能

在生产、经营活动中日常所进行的必要监督和检查。为此，要求经营领导者经常深入基层，了解情况，及时发现问题，解决问题。通过这一职能的实现，就能做到及时揭露生产、经营活动运转过程中的矛盾，分析其产生原因，迅速采取对策；发现先进事物，总结经验，提高经营管理水平；考核经济效果，做到奖罚分明，更好地调动职工积极性，实现人尽其才，物尽其用，获得最大限度的经济效益。

三、蚯蚓场的经营决策

（一）影响因素

养蚯蚓专业户由于受到自身素质、资金、技术及信息等条件的限制，因此，其在生产经营的发展中应注意以下几点。

① 市场导向，以效益为目标，及时调整生产结构，在竞争中求发展。有些养殖户会出现盲目跟风的心理。当销路好时，大家一窝蜂而上，当销路不好时，又纷纷下马，结果，养蚯蚓效益并不好，甚至亏本。因此，要及时了解信息（有机会可通过网络等手段），预测养蚯蚓生产走势，以市场为导向，及时调整生产结构，在竞争中求发展。

② 养殖专业户在确定和扩大经营规模时，一定要实事求是，要与自身的资金、劳力、技术、设备等方面条件相平衡，而不是只为求规模，关键是求得规模效益。合理的养蚯蚓规模并不是固定不变的，随蚯蚓的价格的提高而增大，随固定成本的增加而减少，随着养蚯蚓的技术进步、社会化服务体系的完善而发生相应的改变。

③ 要在管理中精打细算，降低成本，提高经济效益。养殖在建场后，主要成本就是饲料了，其他方面如人工、房舍、水电、粪便等也应严格管理。

④ 走综合经营道路，提高经营效果。多种养殖一起进行，充分利用现有的资源发展养殖业。

（二）经营决策

开办一个蚯蚓场，必须进行可行性研究，遵循一定的决策程序。决策程序一般分为三步：一是形势分析，二是方案比较，三是择优决策。

1. 形势分析

是企业对外部环境、内部条件和经营目标三者综合分析的结果。

① 外部环境　要进行市场调查和预测，了解产品的价格、销量、供求的平衡状况和今后发展的可能；同时也要了解市场现有产品的来源、竞争对手的条件和潜力等。

② 内部条件　主要包括场址适宜经营，如环境适宜生产和防疫，交通比较方便，有利于产品与原料的运输和废弃物的处理，水、电等供应有保证；资金来源的可靠性，贷款的年限，利率的大小；生产制度与饲养工艺的先进性，设备的可靠性与效率；人员技术水平与素质；供销人员的经营能力；饲养蚯蚓种来源的稳定性，健康状况等。

③ 经营目标　产品的产量、质量与质量标准；产品的产值、

成本利润。

一般来说，外部环境特别是市场难于控制，但内部条件能够掌握、调整和提高，蚯蚓场在进行平衡时，必须内部服从外部，也就是说，蚯蚓场要通过本身努力，创造、改善条件，提高适应外部环境和应变的能力，保证经营目标的实现。

2. 方案比较

根据形势分析，制订几个经营方案，实际上这也是可行性研究。同时对不同的方案进行比较，如生产单一产品或多种产品；是独资或是合资。主要对不同的方案在投入、风险和效益方面进行比较。

3. 择优决策

最后选出最佳方案，也就是投入回收期短。投产后的产品在质量和价格上具有优势，效益较高，市场需大于供，需要量将稳定增长，价格有上升的趋势等。选择这样的方案，蚯蚓场可能获得较大的成功机会。

四、蚯蚓场经营管理的基本内容

蚯蚓场建场开始，就应考虑投产后的经营管理问题。如蚯蚓场的选择、布局，饲养方式，池子结构，饲料的运输和产品的销售等，均与劳动生产率密切相关，应在建场过程中综合考虑，妥善解决。否则，就会降低饲养效益，容易导致办场失败。

就一般养蚯蚓来说，经营管理的基本内容主要包括：组织管理、计划管理、物资管理和财务管理。

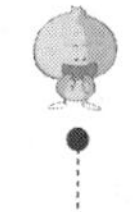

（一）组织管理

为使蚯蚓场生产正常而有秩序地进行，必须建立一个分工明确而合理的组织管理机构。蚯蚓场由于经营的方向、方式与规模不同，其机构部门的设置和人员的编制也不同。但其组织管理内容基

本相似。

① 人员的合理安排与使用　养蚯蚓对技术人员、管理人员和饲养人员有不同的要求，同时他们的素质高低直接影响着蚯蚓场生产经营的全过程。成功的经营管理者十分注重职工的主观能动性的发挥，知人善任，合理安排和使用人员，做到人尽其才，人尽其力，各司其职，合力共进。

② 精简高效的生产组织　生产组织与蚯蚓场规模有密切关系，规模越大，生产组织就越重要。规模较大的蚯蚓场一般可设生产、技术、供销财务和生产车间等四个部门，部门设置和人员安排应尽量精简。非生产性人员越少，经济效益就越高。规模饲养经济效益高，其关键是非生产人员少、办事效率高、综合成本低。

③ 建立全岗位责任制　搞好规模养蚯蚓的经营管理，必须建立健全岗位责任制。从场长到每一个人员都要有明确的岗位责任，并用文字固定下来，落到实处，使每个人员都知道自己每天该做些什么，什么时间做，做到什么程度，达到什么标准。

经营管理者根据岗位目标责任制规定的任务指标进行检查，并按完成情况进行工作人员的业绩考核和奖惩。在确定任务目标时，要从本场实际出发，结合外地经验，目标应有一定的先进性，除不可抗拒的意外原因外，经过努力应该可以达到或超过。原则上要多奖少罚，提高完成任务目标的积极性，而奖罚应及时兑现。

④ 制定技术操作规程　蚯蚓场饲养技术规程，是根据科学研究和生产实践的经验，总结制定出的日常工作的技术规范。

⑤ 健全完善各项规章制度　办好蚯蚓场必须制订落实一系列的规章制度，做到有章可循，便于执行和检查，用制度规范蚯蚓场人员的生产生活行为，实现自我管理、自我约束、自我发展。

⑥ 关心职工　蚯蚓场的经营管理者不仅要关心生产经营，也要真心实意地关心职工，为他们排忧解难，创造一个良好的工作条件和工作环境。要注重职工素质的提高，提高操作技能，更新知

识，不断提高蚯蚓场经营管理水平。

（二）计划管理

计划管理是经营管理的重要职能。计划的编制是对内外环境、物质条件进行充分估计后、按照自然规律和经济规律的要求，决策生产经营目标，并全面而有步骤地安排生产经营活动，充分合理利用人力、物力和财力。计划为实行产品成本核算和计算经营效果提供依据。用计划来组织生产和各项工作，是社会化生产的需要。

计划管理就是根据蚯蚓场确定的目标，制定各种计划，用以组织协调全部的生产经营活动，达到预期的目的与效果。规模饲养场应有详尽的生产经营计划，按计划内容可分为蚯蚓群周转计划、产量计划、饲料计划、免疫计划、财务收支计划等，按计划期长短可分为年度计划和长期计划，按范围可分为全场计划和部门计划。

1. 产品销售计划

这是流通、搞活生产、实现货畅的一个重要环节，也是完成经营目标中的一项重要工作。蚯蚓场主产品，是主要提供蚯蚓，还是提供种蚯蚓，据生产计划和可能销售量编制产品销售计划，做到产销对路和衔接，及时投放市场，防止积库。最好实行以产定销，建立稳固的销售和信息网络，防止盲目生产。

产品销售计划的编制主要依据两个方面，一是蚯蚓周转计划，二是市场需求及价格变化曲线。

2. 物资供应计划

饲料是重要物资，必须根据生产计划需要编制详细的供应计划，并保质保量，按期提供。其他如饲养防疫人员的劳保用品、易耗品、工具、机械设备维修备件、燃料物质，也应列出计划，以保证生产任务的完成。

同时应对所需的饲料品种、数量、来源作好计划，及早安排，保证供应。

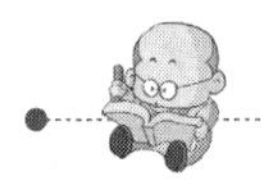

3. 成本核算计划

衡量一个蚯蚓场经营管理好坏的重要标志是产品成本和劳动生产率的高低，以及由此所产生的经济效益的大小。也就是说，一个经营管理得好的蚯蚓场必然收入多，利润大，劳动生产率高，数量和质量逐年上升，成本逐年下降，实现优质、高产、低消耗的要求。因此，养蚯蚓和养殖专业户必须努力增加生产，降低成本，搞好产品成本核算计划。

产品的成本核算是养殖场财务管理的核心，是各种经济活动中最中心的环节。产品的成本核算是由生产产品需支出的成本和产品所得的价值构成的。产品的收入大于成本费则盈利，小于成本费则亏损。养殖场的产品成本由饲料、工资、燃料、兽药、企业管理费、固定资产折旧费、房屋设备维修费等构成。

成本核算一般以单位产品为核算的基本单位。

4. 财务计划

这是保证经营目标实现所必须预先考虑的资金来源及其运用、分流的一种综合计划。其内容应包括：固定资产折旧计划、维持生产需要的流动资金计划、财务收支计划和利润计划、专用资金计划、信贷计划等。

(三) 物资管理

这是为保证生产所需物资的采购、储备和发放的一种组织手段。养殖场所需的主要物资有：饲料、药品、器材、设备零件、工具、劳保用品以及一些易耗物品等。对这些物资的采购、储存和发放都应建立登记账簿，及时记录登记，严格发放手续，妥善保管，防止变质腐败，做到账物相符。

(四) 财务管理

1. 财务管理任务

财务管理的主要功能在于保证蚯蚓场资金周转，提高资金周转率和缩短资金周转期。为此，财务管理者应经常参与产品成本分析和核算，为场的总效益分析积累数据，提出分析报告，制定增产节约措施；抓紧产品资金的回笼；逐月提出财务收支报表，通报效益进度，及时调整管理措施；提出年终经济效益分析总结报告，为下一年度计划提供依据。

2. 成本核算

在蚯蚓场的财务管理中成本核算是财务活动的基础和核心。有了解产品的成本，才能算出蚯蚓场的盈亏和效益的高低。

3. 盈利核算

盈利是销售产品收入减去成本后的所得，它包含利润和税金两部分。盈利减去上缴国家及地方政府的税金，即是利润，盈利越多，说明经营管理水平越好，对社会的贡献也越大。盈利核算主要是考核利润总额和利润率。

财务管理是极其复杂繁琐的，大规模的投资生产者只需了解，可聘请财务工作者核算。而小型的或个别养殖户，财务核算就简单多了，一般可以自己核算。

五、对发展蚯蚓养殖的几点建议

世界上许多国家，如美国、日本、加拿大、英国、德国、澳大利亚等，都比较重视蚯蚓的养殖应用和研究工作。蚯蚓不仅逐渐成为高蛋白质饲料和人类的食品、药品，而且在改良土壤、消除公害、保护生态环境上，在物质循环及综合利用、自然界生态平衡、生物多样性等方面发挥了重大的作用。像蚯蚓这一类具有分布广泛、饲养简易、价格低廉、作用巨大等优点的动物，确有必要大力地研究和开发。我国广大生物科学工作者对于蚯蚓生物学、资源调查、蚯蚓养殖以及应用做了不少的工作，为进一步发展蚯蚓养殖业奠定了一定的基础。但蚯蚓养殖业与其他事业一样，应因地制宜，积极稳妥地去发展，为此提出几点粗浅的建议。

（一）加强领导，科学地发展蚯蚓养殖业

蚯蚓养殖业作为一项颇有前途的新兴养殖业，目前许多国家已发展和建立了初具规模的蚯蚓养殖企业以及有关协会。如在美国年产20亿条蚯蚓的养殖企业大约有50家以上，日本在1972年已建立蚯蚓养殖场200余家，每年世界上蚯蚓的成交额近亿美元。我国在1977年蚯蚓养殖也曾“火”了一阵，随后便无声无息。笔者认为，蚯蚓养殖与其他养殖一样，应因地制宜，科学地积极稳妥地去发展，切莫盲目，更重要的是依法行事，根据市场需求养殖。

（二）综合利用，避免单一经营

在国外，养殖蚯蚓大多从综合利用来考虑，蚯蚓往往作为处理公害过程中的一种副产品，并用来做饲料，因此成本较低。例如在日本，蚯蚓养殖场大多由造纸厂附设，让蚯蚓来消化掉造纸过程中排出的废污泥和残渣。这样既消除了公害，又节省了人力和物力，并且所得的蚯蚓和蚓粪，还可作饲料和肥料，一举两得。因此，建议今后应大搞综合利用，用蚯蚓来处理城市的生活垃圾、工业污泥、废水，园林中的落叶、落果，农村中的秸秆、厩肥、沼气池废渣等有机物。对于我国南方酸性土壤和北方盐碱、沙滩地等可用蚯蚓养殖综合治理，以降低蚯蚓的养殖成本。并且可与养蘑菇、养蜗牛、养牛等结合起来进行蚯蚓养殖，可以形成物质的良性循环。

（三）建立蚯蚓育种场和繁育体系

蚯蚓是较低级动物，遗传变异性较大，也容易退化，为了保持蚯蚓优良品种的高产、稳产、优质等性能，必须有计划、有步骤、科学地繁育蚯蚓良种，建立三级繁育体系，即蚯蚓良种场、蚯蚓繁殖场、蚯蚓生产场。

良种场的主要任务是对蚯蚓进行驯化、引种、选育或杂交育种。按照预定的育种目标，运用基因工程、遗传工程、物理、化学等各种手段促使蚯蚓发生变异，进行选择、比较鉴定，以培育出优良品种，达到早熟、高产、繁殖快、生长快、优质（蛋白含量高，适应性好）、稳产（如抗逆性强，包括抗寒、耐热、抗旱、抗盐碱、抗酸等，饲料适应性强等）、低耗（饲料利用率高、生产成本低）的目标。同时，不断地进行种的提纯复壮。良种场主要任务为繁育良种。因此良种场必须要有较强的技术力量和较好的设备条件。生产场的主要任务是大量生产蚯蚓和蚓粪。饲料可就地取材，注意产品的开发和综合利用，降低成本。其养殖规模可大可小，并尽力提高单位面积的产量。繁殖场的主要任务是将良种进行大量繁殖，以便向生产场提供足够的种蚯蚓。

（四）科学养殖，提高单位面积产量和增殖率

在一定的时间内，蚯蚓单位面积的产量高低主要取决于蚯蚓的增殖倍数，即增殖率。蚯蚓的增殖率又主要由下列因素所决定：每条蚯蚓每年产蚓茧数；蚓茧的平均孵化率，即每个蚓茧平均孵出的幼蚓数；幼蚓成活率和蚯蚓的世代间隔天数。因此，首先要选择增殖率高的蚯蚓种进行养殖。同时要加强科学的饲养管理，充分发挥其增产潜力。为了提高蚯蚓的增殖率，还应加强蚯蚓的基础理论研究，尽量采用各种先进的技术手段促使蚯蚓早熟，缩短生长周期和性周期。

（五）因地制宜，充分开发和利用蚯蚓资源

我国疆域辽阔，气候、土壤情况条件多样，生态环境复杂，蚯蚓种类繁多，数量丰富。各地应加强对蚯蚓资源的普查工作，为蚯蚓资源的开发和利用提供科学的依据，也为引种、选育和杂交育种等奠定基础，并且还要做好蚯蚓资源的保护和持续利用工作，保护蚯蚓多样性。应充分利用本地蚯蚓资源，切莫盲目引种。

（六）开发和利用蚯蚓，务必注意安全

蚯蚓虽可作为优质的饲料和上佳的食品，又可作为药材，但在

使用前必须认真仔细地分析和检查，查看蚯蚓是否已感染上寄生虫。还要看蚯蚓体内有无重金属或磷、有机氯等农药的富集。因此在养殖蚯蚓过程中要严禁使用被重金属、有机磷、有机氯等农药污染的或带有寄生虫的饲料来喂养蚯蚓，以保证所养殖出来的蚯蚓安全性。

总之，养殖蚯蚓，在我国还是一项新兴的产业，各地应因地制宜，积极稳妥地，科学地去发展，切莫一哄而起，一哄而散，或以投机取巧的心理去养殖。

第十二章 蚯蚓综合利用技术——生态养殖

第一节 生态养殖——蚯蚓综合利用技术模式

生态养殖就是根据生物链，有效利用每个环节的副产品，达到保护环境，有效降低农业生产成本，显著提高养殖效益的高效养殖模式。利用动物粪便、垫草等养殖业的固体废弃物饲养蚯蚓，再以蚯蚓饲养动物，这一科学的生态系统的实施，既能降低这些废弃物对环境的污染，也能产生高效的有机肥，还能为动物饲养业提供优质的动物性蛋白质饲料。我国地域辽阔，资源丰富，各地畜牧业生产条件和发展水平有很大差异，动物生态养殖经济发展模式和实现形式必须根据农区、牧区和城市郊区等不同的地域采用不同的形式。

在这里给大家介绍较为高效的几种模式，养殖过程要根据生态循环养殖原理和自己的实际情况思考如何有效地开展养殖。

一、猪-蚯蚓-甲鱼模式

通过猪粪尿干湿分离，干粪发酵后养殖蚯蚓，蚯蚓饲喂甲鱼，蚯蚓粪烘干后作高档花卉、草坪肥料，养猪污水经处理后用于种草，牧草喂羊，甲鱼排泄物喂鳙鱼，鳙鱼排泄物喂螺蛳，小螺蛳又是甲鱼的好饲料，如此循环，就可降低生态鳖养殖成本。

二、鸡-猪-沼气-蚯蚓模式

可以在庭院中建50平方米的鸡舍，可笼养蛋鸡500只。猪舍和沼气池建在一起，占地约30平方米，地上建猪舍，地下建造沼气池。将鸡粪发酵掺上等量的配合饲料可养猪20头左右。猪粪、人粪入池产沼气，用沼渣养蚯蚓，年可收鲜蚯蚓1000千克，用来喂猪、喂鸡可节省配合饲料3000千克。

三、各种动物-蝇蛆-蚯蚓-种植模式

① 把新鲜猪、鸡、鸭等粪料先入池，加入有效微生物（如EM等）发酵和降低粪便臭味，发酵好后送入蝇蛆养殖房，苍蝇在粪上产卵，卵块经过8～12小时孵化成小蛆，小蛆经2～3天长大，长大后的蛆自动爬出粪堆，走进预定的收蛆桶中。

② 把养过蛆的粪加入40%～60%草料或垃圾等物，再进行堆制发酵，发酵后送入蚯蚓养殖场养殖蚯蚓，蚯蚓养成成品后，把蚯蚓连同基料放在光源较强的地方（自然光线即可），蚯蚓就会自动缩成一团，取出即可。廉价的蝇蛆和蚯蚓用来投喂各种经济动物。

③ 养过蚯蚓后的粪变成了蚯蚓粪。据专家测定，蚯蚓粪的营养成分远高于黑麦草等青饲料，能与谷物接近。蚯蚓粪的用途：加入少量氮、磷、钾等，直接制成颗粒，即变成优质复合肥；在饲料中添加15%～30%蚯蚓粪制成颗粒饲料投喂猪、鸡、鸭、鱼，饲料品质并没多大改变，还能增加动物的适口性；用袋装好做花肥出售，每千克可卖1元，或卖给花卉公司、果农、菜农、饲料厂等；自己留做农家肥使用；直接投喂鲤鱼、鲢鱼、鳙鱼、田螺等，以一吨猪粪为例，经上述处理可生产出100～300千克蛆虫，20～60千克蚯蚓和1000千克左右的蚯蚓粪（加入了草料或垃圾等），总价值在600～1000元，一堆普通的粪得到了最大的利用。

第二节 蚯蚓综合利用——生态养殖技术分析

一、蚯蚓处理畜禽粪便分析

随着农业集约化生产的快速推进，农业废弃物尤其是畜禽粪越来越多。在广东、江西、湖南、山东、上海等一些省市，畜禽养殖业也十分发达。但是，堆积如山的畜禽粪便使得周围的环境恶臭熏天，畜禽粪便的处理十分困难，有的城市政府为此出台政策，环保地处理畜禽粪便，除处理获利全归处理者外，另外政府再给予部分补贴。

传统的对有机废弃物的处理手段已越来越不适应资源可持续利用的要求，因此，利用生物对废弃物进行资源化处理已经成为当今可持续发展的一个重要方向。蚯蚓具有很强的分解有机物质的能力，利用蚯蚓的生命活动来处理畜粪是畜牧废弃物无害化处理的一项既传统又年轻的生物技术。其工艺简便、费用低廉，能获得优质有机肥料和高级蛋白质饲料（蚯蚓粉），不产生二次废物，对环境不产生二次污染，因此而备受欢迎。

可利用蚯蚓处理的畜牧废弃物有如下几种。

① 马粪　是蚯蚓理想的初级食物，马粪具有对蚯蚓生命活动最佳的物理性状和全价营养物质。

② 牛粪　是促使蚯蚓正常生长发育的良好原料，但是牛粪必须预先进行 6～7 个月的发酵处理，使之达到蚯蚓繁殖所必需的 pH 值。

③ 猪粪　新鲜猪粪不能被蚯蚓处理，因为猪粪中尿酸和尿素的含量高，只有经过熟化的猪粪才可能用来繁殖蚯蚓。完成猪粪的熟化过程要 10～12 个月。蚯蚓处理猪粪的优点是它的产物不散播

杂草种子。

④ 兔粪　可作为蚯蚓的食物而进行无害化处理。将滤掉了尿液的粪粒收集于容器、池子或管道里，就在这些容器、池子或管道里可直接繁殖蚯蚓进行处理。

⑤ 羊粪　是繁殖蚯蚓的良好基质，但需要预加工。把羊粪加垫草堆成40～50厘米高的小堆，浇透水，处理3～4个月，达到最适宜的pH值。

⑥ 禽粪　鸡、鸭等禽的粪便与其他种畜粪或锯末等混合，也可作为繁殖蚯蚓的基质。

畜禽粪发酵→养蝇蛆→加入部分垃圾或草料再发酵→养蚯蚓→得蚯蚓粪。如果动物粪便要用来养殖蝇蛆的话，动物的尿液正好满足养殖蝇蛆需要增加的水分。蝇蛆和蚯蚓都是高蛋白动物饲料。采用蝇蛆和蚯蚓来代替鱼粉等商品饲料饲喂经济动物，具有成本低、生长快、抗病强、肉质好等优点。蝇蛆和蚯蚓可饲喂的经济动物有鸡、鸭、猪、狗、鲤鱼、鲫鱼、鲶鱼、鲟鱼、大口鲶、塘角鱼、黄鳝、甲鱼、鳗鱼、桂花鱼、对虾、螃蟹、蛙、蝎子、蜈蚣、蛤蚧、蛇、鸽子等。

中国是一个畜禽养殖大国，每天、每月、每年产生的畜禽粪便量巨大。如果每一吨粪都按此技术进行综合利用，不但解决了我国养殖业蛋白饲料严重不足、成本偏高、因使用人工合成激素使肉质变差等一系列问题，还将产生巨大的经济效益和社会效益。

二、蚯蚓饲料技术分析

蚯蚓是一种高营养的动物饲料，其氨基酸的全面、动物对其营养吸收率之高是其他任何动物饲料所不能比拟的。蚯蚓中还含有蚓激酶，对加快动物的生长发育有着神奇的作用。蚯蚓更是大多数水产动物的美味佳肴。

但是，蚯蚓的产量只有蝇蛆养殖的八分之一左右。也就是说，像养殖蝇蛆那样小面积即可获得高产量的蚯蚓是不可能的。要获得大批量的蚯蚓，只有增加养殖面积，以养殖蚯蚓1000平方米面积计算，日处理粪料1～1.5吨，投产4～6个月后开始日产蚯蚓40千克，蚓粪0.6～1吨。

如此产量的蚯蚓该如何运用到养殖业来提高经济效益呢？

如果养殖蚯蚓用来饲喂鸭、鸡、猪等经济动物，建议不要直接生喂，晒干、烘干成本高，最佳的方法是将鲜蚯蚓打（或剁）成浆拌和到饲料中饲喂，一般每100千克（湿料）饲料拌和3千克蚯蚓浆直接饲喂即可。另外，将新鲜的蚯蚓粪按2%～5%的比例直接加入饲料中，可以有效降低饲料成本。鱼类等经济动物都可以按照以上方法操作。

采用蚯蚓喂养实践表明，对比结果悬殊，以上方法是可行的。按照以上技术配套养殖，可有效降低养殖成本10%以上，经济效益提高20%以上，前景看好。

蚯蚓虽然产量较低，但与蝇蛆相比较，其操作难度低，养殖容易，材料广泛。

三、蚯蚓喂动物技术分析

蚯蚓含有十分丰富的营养成分，特别是蛋白质含量高，是喂猪、鸡的良好的动物性饲料。它能促进动物多长肉、多产蛋，但如果喂饲方法不当，也会引发动物疾病，造成损失。因此，饲喂蚯蚓一定要谨慎。

蚯蚓对猪可传播肺绦虫病和气喘病。引起猪肺绦虫病的线虫有长刺后园线虫、短阴后园线虫和莎氏后园线虫，而蚯蚓就是这3种线虫的中间宿主。一条蚯蚓可携带数百条线虫的幼虫，危害极大。而肺绦虫的幼虫又带有猪气喘病的病毒，可使猪同时感染气喘病，这是一种双重感染，危害更大。

蚯蚓对禽类可传播4种寄生虫病。第1种是气管交合线虫

病。第2种是环形毛细线虫病。虫体寄生在鸡的食管或嗉囊中，引起营养不良、瘦弱、贫血，严重者衰竭而死。第3种是鸡异刺线虫病。虫体寄生在盲肠，引起消化不良、无食欲、下泻、瘦弱，鸡不发育，产蛋减少。第4种是楔形变带绦虫病。虫体寄生在鸡十二指肠中，引起食欲大减，不消化、拉稀、消瘦，以至出现神经症状。

预防蚯蚓传播疾病的措施，一是养蚯蚓一定要经过检疫，凡有寄生虫卵、包囊或幼虫的要立即处理掉，切不可留作种用繁殖。二是喂养蚯蚓，严禁用未经处理的畜禽粪便做饲料。三是蚯蚓寄生虫的虫卵、包囊、囊蚴怕高温，因此，饲喂畜禽时，一定要彻底加热，绝不能生喂。四是一旦在畜禽中发现有上述疾病时，须立即严格隔离，严防扩散。五是对畜禽要定时进行检疫，以便及时采取措施。

四、蝇蛆养殖技术分析

禽畜对食物中粗蛋白吸收转化率很低。畜禽粪便中，残留着原物中大部分粗蛋白和粗脂肪。以鸡粪为例，由于鸡的食道较短，消化吸收能力差，所以鸡粪中残存的营养物较多，其中干物质26.46%，灰分5.2%，脂肪0.96%，粗蛋白8.17%，纤维素3.86%，无氮浸出物8.27%，磷0.48%，钾0.38%，这些残留物是蛆虫的美味佳肴。苍蝇是生物界的“繁殖英雄”，在自然条件下，一对苍蝇一年内能繁殖10～12代子孙。

为解决动物饲料的不足，有的国家开始人工养殖蝇蛆，有的养禽（畜）场、养鱼场等建立了蝇蛆养殖车间。我国蝇蛆养殖刚刚兴起，大多是作坊式生产，还没有形成工业化生产规模。在蛆虫的生产过程中，形成一条往复循环的生物链，能促进我国大农业的发展。

从某种意义上说苍蝇是“优质蛋白加工厂”，它所繁殖的蛆虫是禽畜动物所必需的高蛋白饲料。采用生物养殖技术快速生产的蛆虫，经理化测试分析，蛆虫干粉粗蛋白的含量高达68.59%，富含18种氨基酸和16种微量元素，其中大部分理化指标超过进口鱼粉。培养蛆虫的残渣约剩原量的70%，在这些残渣中稍加一些材料，就可生产沼气，可用来发电、照明、加温蛆虫房；也可用来养蚯蚓；蚯蚓利用后的残渣还可用来种蘑菇。残渣只要添加适量的氮、磷、钾和微生物，便可制成有机复合肥和生物复合肥，也可加工成林业和花卉专用肥料，回归大自然形成生态循环。这不但净化了环境，促进了环保，还开辟了新蛋白质的来源，带动了饲料工业的发展，促进了生态大农业的循环。同时，可通过高科技手段来提取生化制剂，为人类造福。

我国有些地方，早就有捞蛆虫喂鸡、鸭的传统。现代养殖实践也证明，用蛆虫喂鱼、甲鱼、黄鳝、鳗鱼、螃蟹、虾和青蛙等水生动物以及肉鸡、蛋鸡、鹌鹑和生猪等禽畜动物，均明显提高成活率、受精率、增重率和产蛋率，生物效应十分显著。据有关资料报道：每用1.2千克蛆虫加入饲料中喂蛋鸡，就能增产鸡蛋1千克，增产结果和经济效益十分明显。利用畜禽粪便养殖蝇蛆，可大大提高饲料利用率和降低生产成本。一个畜禽养殖场配上一个蝇蛆养殖场，就等于又建了一个昆虫蛋白饲料生产厂，原料是畜禽排出的粪便，产品是优质的蝇蛆蛋白饲料。

从一定意义上讲，蝇蛆的养殖技术较为容易掌握，无需复杂的设备，饲料来源广泛，投资少，见效快，适合家庭以及专业化批量养殖。

第三节　蚯蚓综合利用——生态养殖技术的优势

我们都知道，养殖经济动物都离不开一些动物类的饲料，如鱼粉、肉粉等。鱼粉、肉粉里面不但富含蛋白质，而且还含有经济动物必不

可缺少的天然生长激素、各种氨基酸和微量元素。如果把鱼粉、肉粉等按一定比例添加到经济动物的饲料中，经济动物的生长就会加快，肉质也更好。但鱼粉、肉粉的价格较高，因此养殖的成本也会增加。

蚯蚓和蝇蛆就能完全代替鱼粉和肉粉等，并且比鱼粉和肉粉饲养效果更好。我们都知道，蚯蚓和蝇蛆是廉价的动物蛋白饲料。用家里的猪、鸡、鸭、牛、马等的粪便就能生产出大量的蚯蚓和蝇蛆，而生产成本比购买鱼粉、肉粉低得多。所以，要想有效地降低养殖成本、生产绿色食品，纵观所有养殖技术，唯有生物链这条路是最有效、最好的。那么，生态养殖到底有哪些好处或者优势呢？概括起来有以下几点。

一、能生产出无公害的绿色食品

如今，很多人都已将对食品价格的关注转向了食品的安全卫生，因为食品安全关乎人类的生存与健康。近年来，食品安全问题遭遇到了从未有过的挑战。作者认为，发展生产天然活体动物蛋白饲料如蝇蛆和蚯蚓等生产无公害绿色食品是切实可行的。我们知道，蝇蛆和蚯蚓等体内含有极高的蛋白质，还含有极为丰富的动物所需要的各种天然的氨基酸和生长激素。而采用生态技术生产的动物食品是真正的绿色食品，其前景将非常广阔。

二、养殖原料来源丰富

每家每户人、畜、禽的粪便和一些有机垃圾就是最好最廉价的原料，而且来源丰富。通过生态养殖，可以不断地循环利用这些原料，整个过程无废物生产。

三、能生产出大量供各类养殖利用的优质的活体蛋白产品

蚯蚓和蝇蛆不但富含蛋白质，而且还含有经济动物必不可缺的

天然生长激素和各种氨基酸和微量元素。如果把蚯蚓和蝇蛆按一定比例添加到经济动物的饲料中，经济动物的生长就会加快，肉质也更好。

四、养殖成本大大降低

在河南省，有一座占地 106 亩的生态苍蝇农场，该农场利用猪、鸡、鸭、牛、马等的粪便养殖蝇蛆，蛆渣用来生产沼气，再用沼气加温四季生产蝇蛆，得到大量的蝇蛆后用鲜蛆饲养 5000 只虫子鸡和 30 亩鱼，再把养过蝇蛆的粪用来生产蚯蚓，生产完蚯蚓后，把变成了蚯蚓粪的粪土再用来种植庄稼。这样就可以把一吨价值几十元的粪便转变成价值几百甚至上千元的蝇蛆、蚯蚓、蚯蚓粪、虫子鸡、生态蛋、生态鱼等十多个产品，经济效益提高十倍以上。

这是一项生物链式的生态农业养殖模式。这种模式不但投资极少，且大大降低了各种风险，不但能生产出纯绿色的动物食品，且生产成本也大幅降低。

附 蝇蛆养殖技术

第一节 蝇蛆的简介及养殖前景

一、简介

苍蝇为昆虫双纲翅目中蝇科家蝇、麻蝇科麻蝇和绿蝇科大头金蝇的总称。苍蝇的幼虫称为蝇蛆。

苍蝇是传播疾病的“四害”之一，然而，随着科学技术的发展，它惊人的繁殖力和丰富的养分除将成为养殖业上等蛋白饲料外，还可开发医药、保健、生化等多种产品。

二、前景

蝇蛆蛋白质是优质蛋白，据测定：干蝇蛆粉含粗蛋白质59%～65%，脂肪12%，灰分7%、糖类3.1%。氨基酸总量为43.83%，是鱼粉的3.3倍。在饲料中添加适量鲜蛆喂鱼可增产22%，喂鸡产蛋率提高17%～25%，喂猪生长速度提高19.2%～42%且节省饲料20%～25%。前苏联的养殖场大都设有养蛆车间，由于养殖技术简单、成本低廉、经济效益显著，对我国广大农户和养殖场也非常适用。作为高蛋白质饲料，蝇蛆的营养水平可与最好的秘鲁鱼粉媲美，其蛋白含量是豆饼的1.3倍、肉骨粉的1.9倍。鲜蛆含粗蛋白质15%、粗脂肪5.8%，不仅可直接饲喂猪、鸡、鸭、鱼，而且还是虾、蟹、鳗、黄鳝、美国青蛙、牛蛙、七星鱼、斑鱼、龟等最好的活饵料。

蝇蛆不仅是优质饲料，还可提取蛋白粉，开发高级营养品、航天食品、药品等。苍蝇的人工养殖起源于20世纪70年代末80年代初，现在在美国等发达国家已实现机械化工厂化生产。在美国迈阿密市郊，建有一座苍蝇农场，以生产无菌蝇蛆为主，从而带动了家禽家畜饲养业，推动了种植业，衍生出饲料加工、工业提炼、医药制造、食品加工等一系列的场办企业。我国华中农业大学的专家研究发现，经特殊工艺加工，从蝇蛆身上可提炼出抗菌活性蛋白、复合氨基酸、蛆油、几丁质等物质。这些物质使苍蝇具有强大的免疫抗菌能力，因而在医药、保健品、化工等领域具有广泛的用途。目前，蝇蛆最直接的用途还是作为饲料。北京市饲料研究所也在试验工厂化生产蝇蛆，天津、广西、江西、湖南、江苏、武汉等省市（自治区）都在积极发展蝇蛆养殖业。

第二节　苍蝇的形态特征

一、生活史（以家蝇为例）

家蝇（*Musca demestica*）是家蝇属（*Musca*）动物，是完全变态昆虫，其生活史包括：卵、幼虫、蛹及成虫4个时期。卵孵为幼虫，幼虫通常称为蛆。幼虫蜕皮2次共有3龄，第三龄幼虫不蜕皮即前后收缩而变为蛹，由蛹前端开一环裂而羽化出成虫。成虫初出时，两翅尚未展开，只能爬行，过数十分钟翅即展开，开始飞行生活。由卵到成虫所需时间依温度、食物及种类的不同而有异。温度对家蝇各虫期发育有影响。据测定，卵发育的最低温度为10～12℃，最高生存温度为42℃；幼虫发育的最低温度为12～14℃，最高生存温度为46℃；蛹发育的最低温度为11～13℃，最高生存温度为39℃。人工养殖时，幼虫饲养温度以25～35℃为宜，低于22℃生长周期延长，高于40℃则幼虫会从培养基中爬出，寻找阴

凉适温处。在恒温室（28℃±1℃）和营养丰富的条件下，家蝇的生活史周期约需两周。在自然界，家蝇生活周期视季节和地区的不同差别很大。据广东白水东镇观察，在当地的自然条件下，家蝇生活史周期春季（20.5℃）为14～18天，夏季（28.1℃）为7～9天，秋季（23.1℃）为9～15天，冬季（16.4℃）为23～29天。一般情况下每完成一个世代，需要12～15.5天。成年雌蝇刚排出的卵很小，1克卵有13000个左右，当温度在25℃、相对湿度70%时，孵化期为12小时。刚孵出的幼虫为灰白色，怕光，在饲料表层下2～10厘米处活动、采食，生长速度极快，4～5天后发育至1厘米长、重约30毫克时，开始化蛹。在温度22～30℃、相对湿度60%～80%的条件下，蛹经过3天发育，蛹体由软变硬，由黄变棕红色，再变为有光泽的黑褐色，蛹壳破裂，羽化成虫，经1小时后开始吃食、饮水、飞翔。3～5天后性成熟，雌雄蝇交配产卵。1只雌蝇每次产卵100～200粒，每对家蝇一年内可繁殖10～20代，按生物学统计测算可产1亿～2亿个后代。

二、形态特征

苍蝇的种类很多，绝大多数蝇种不进房屋，不进畜舍，出现在房间、饭厅、畜舍、垃圾堆及厕所内的是与人类杂居关系最密切的家蝇。家蝇为昆虫纲、双翅目、家蝇科、家蝇属动物，广布于世界各地。

1. 家蝇的外部形态

（1）成虫　长6～7毫米，灰褐色，眼红褐色。雄蝇的双眼彼此靠近，额宽为一眼的1/4左右，单眼三角与复眼内缘间的宽度只及单眼三角横径的1/2或更窄；雌蝇的两眼间有一定的距离。触角芒的上、下侧都有较长的纤毛。成虫口器舔吸式，幼虫口器刮吸式。胸背部有4条明显的黑色纵纹。翅透明，基部稍带黄色；脉序中，第四纵脉末端向前方弯曲急锐导致梢端与第三纵脉的梢端靠近。腋瓣大，不透明，色微黄。足黑色，末端有爪1对、扁爪垫1

对和刺状爪间突 1 个。

（2）卵　白色，微小，长椭圆形，长约 1 毫米，在卵壳背面有 2 条脊。卵粒多互相堆叠，1 克卵约有 13000～14000 粒。

（3）幼虫　灰白色，无足；体后端钝圆，前端逐渐尖削。蝇类的幼虫连头在内共 14 节，比较明显的只有 11 节，幼虫以气管呼吸，头退化，胸、腹节相似。初孵幼虫体长约 2 毫米，体重约 0.08 毫克，3 日龄或 4 日龄幼虫体长 8～12 毫米，体重 20～25 毫克。幼虫口钩爪状，左边一个较右边一个小。前气门由 6～8 个乳头状突起排列构成扇形；后气门呈 D 字形。家蝇幼虫头、胸、腹 3 部分主要特征如下。

头很小，常缩入第 1 胸节。头前端的腹面有两个瓣状构造，其上有向内的小沟，相当于蝇的小唇，内侧即口。二者之间有一舌状几丁质小片为下唇。头前面背侧也有两个球状构造，每一球状构造上有两个突起，背面的突起相当于触角，腹面的突起相当于触须，都是感觉器官。在口内有两个钩左右排列。口钩弯向下后方，口钩在后端由口下骨接连于三角形的啄基骨。啄基骨的后方分为上枝及下枝，下枝的下方即咽，前通到食管。

胸部各节相似，在第 1 节的两侧有气门，为扇形，上有指状突起，称前胸气门。

腹部共 10 节，前面的 6 节相似，第 7、第 8 节居末端，其构造特殊。第 9、第 10 节居第 7、第 8 节之间，靠腹面有肛门，第 8 节的末端有气门，左右各一个。气门有孔缘及气门裂。孔缘为几丁质构造。气门的内侧在孔缘附近有一小孔为纽扣区，系幼虫蜕皮时留下的原气门的瘢痕。气门在各龄幼虫不同，第 1、第 2 龄简单，第 3 龄（成熟幼虫）复杂。

（4）蛹　家蝇的蛹被称为围蛹，系第 3 龄幼虫不蜕皮收缩而成。由于蛹仍有末期幼虫的皮，构造基本上与末期幼虫同。因此在前端有前气门，在后端有后气门。在蛹的第 3、第 4 节之间两侧另有 2 突

起，即蛹的气门，向内接连于中胸气门。蛹大多数呈桶状，约6.5毫米长，初化蛹时为黄白色，后渐变为棕红、深褐色，有光泽。

2. 大头金蝇的形态特征

大头金蝇别名红头蝇、绿虫蝇，成虫体长8～11毫米，绿蓝色、有明显光泽，头部宽，顶部黑色，复眼大，深红色，额中条褐红色，颜和颊部橙黄色；触角和小颚须呈褐色；胸腹部绿色偏蓝，有紫色光泽。幼虫成熟时，身体蛆形，为黄白色，前端尖细，末端截平，体分14节，头部1节，胸部3节，腹部10节，体表有小棘形成的环。蛹呈桶状，为围蛹，即蛹壳为第3龄幼虫皮收缩而成。蛹的颜色由白逐渐变深，最后为栗褐色。

第三节　蝇蛆的生态行为和生活习性

一、蝇蛆的生态行为

1. 卵

家蝇卵为乳白色，呈香蕉形，长约1毫米。卵壳的背面有两条嵴，嵴间的膜最薄，卵孵化时壳在此处裂开，幼虫钻出。家蝇卵的发育最低有效温度为8～10℃（乌霍娃，1952）。自卵产出后至幼虫孵化所需的时间为卵期，卵期的长短和温度有关。蝇卵的孵化温度范围为15～40℃之间，35℃时卵期最短，仅需6～8小时；当温度为25℃，湿度为65%时，8～12小时即可孵出幼虫；当温度低于13℃时，蝇卵停止发育；温度低于8℃或高于42℃时，卵则死亡。霍新北报道在自然变温条件下，家蝇卵发育的起点温度为13.46℃±2.5℃。在腐烂物质堆中，卵发育时期的长短，因温度不同而有差异，夏天一般经过8～12小时即可孵化。湿度对蝇卵的孵化率也有很大的影响。家蝇卵的发育需要高湿，相对湿度在90%的时候孵化率高。家蝇的卵壳对于各种化合物的抵抗力比幼虫的表皮强。

2. 家蝇的幼虫（或称蝇蛆）

呈锥形，前端尖，后端钝圆，有明显的体节，通常为11节。1龄到3龄幼虫的体色逐渐由透明、乳白色变为乳黄色。幼虫从卵脱壳后，在饲养缸里生长发育，经过两次蜕皮到老熟幼虫需4～6天。当温度为30℃时，1龄幼虫的生长发育大约需20小时，2龄幼虫发育需要时间约为24小时，3龄幼虫发育约需3日。刚孵化出来的幼虫，体长为1～3毫米左右，在饲料充足情况下，最大可长到1.5厘米长。家蝇幼虫是多食性的，许多发酵和腐败的有机物质都可以成为它的食物，例如人畜禽粪便、垃圾、酒渣、豆渣等。幼虫非常活跃，喜欢钻来钻去，但其活动范围一般不离开其原产卵场所，有较强的负趋光性，一般群集潜伏在饲料食物表层下2～10厘米处摄食。家蝇成虫个体的大小取决于幼虫期营养条件的好坏；此外，家蝇幼虫期的长短除与温度、营养密切相关外，湿度也起着重要作用。幼虫喜欢潮湿，在湿度为60%～80%物质中，有各龄期的家蝇幼虫，但在半液体状的人、畜类便中，或含有很多液体的污水坑中，则看不到家蝇的幼虫。

3. 蛹

幼虫老熟后爬到较干燥的环境中前后收缩变成蛹。化蛹场所一般为幼虫滋生场所附近的泥土中，如果粪便表层干燥，也可于其上化蛹。幼虫快化蛹前1～2天，活动量、取食量和体内积存物都迅速地减少，躯体颜色逐渐由灰白色变为米黄色的半透明体，越接近化蛹期，身体透明度越高。蛹的生活条件与幼虫相比需要较低的温度和较干燥的环境，家蝇蛹发育期的时间与幼虫相仿。高温高湿对蛹是不利的，温度高于40℃时蛹大部分死亡，由41℃开始，温度每增加1℃，蛹的死亡率增加1倍，45℃时蛹全部死亡。蛹比幼虫能耐受较低的温度，温度在12℃以下时，蛹停止发育。湿度过大

时，也会影响到蝇蛹的发育，若相对湿度低于75%，有部分蛹会干死，湿度低于40%时蝇蛹很少能存活。蝇蛹在发育过程中，外壳由软变硬，体色变化为乳白色→米黄色→浅棕色→深棕色→褐色，温湿度适宜时即可羽化出成虫。

4. 羽化

经过5天左右的蛹期，家蝇在蛹壳内各器官已发育完全，在额囊的来回膨胀收缩压作用下，蛹壳前端破裂，家蝇从破裂处爬出。刚羽化出来的家蝇体表比较柔软，体躯浅灰色，两翅折叠在背上，只会爬行，不会飞，需要经过翅膀褶皱状态的伸展及几丁质表皮渐渐地变硬和变暗过程。成蝇在羽化地点的地面约停息1.5小时或更长的时间后，才开始活动。温度在27℃左右时，羽化2～24小时的成蝇开始活动取食。成蝇自蛹羽化后2～12天内交尾，交尾后第二天开始产卵。

二、蝇的生活习性

成蝇一般喜欢白天在室外活动，偶尔飞入室内，善飞行。夜间多栖息于树上或室内天花板上，气温低时喜群集在温暖的地方。蝇类喜食甜的瓜果、植物汁液、发酵产物，更贪食新鲜人畜粪便及腥臭物质；幼虫主要滋生在人畜粪便堆、垃圾、腐败物质中，取食粪便及腐烂物质，也有的生活于腐败动物尸体中。幼虫老熟后潜入茅厕及粪坑附近的土表下化蛹，以蛹越冬，越冬蛹在土中深度可达10厘米左右。

蝇类在一般地区，一年可繁殖10代以上，在温暖地区可达20代以上。在终年温暖地区，家蝇的滋生可终年不绝，但在寒冷的冬季，则以蛹期越冬。成蝇6～8月为盛发期，苍蝇性成熟后6～8日龄为产卵高峰期，以后逐日下降，到15日龄失去繁殖力。雌蝇一生的产卵期为12天，可产卵1500粒。多数蝇种类宜在气温25～30℃之间生产繁殖，12℃以下则停止发育，不交配产卵。若温度超过 35℃，种蝇骚动不安，39℃时不能产卵，40℃时种蝇逐渐死亡。温度及饵料养分对蛆的生长发育有很大影响，一般室温控制在22～23℃，相对湿度 60%～80%范围内，温度愈高消耗养料愈多，蛆的生长发育越快，蛆就越大，化成蛹也越大。

第四节　蝇蛆养殖条件和养殖方式的选择

一、蝇蛆养殖的必备条件

（一）自然条件

温度是蝇蛆养殖的必备条件之一。25℃以下，蝇就停止繁殖或进入冬眠状态，不食不动。塑料棚也只能是季节性养殖，深秋、严冬、初春温度达不到要求，此时棚内养殖是徒劳的。苍蝇在温度、湿度、光照方面有以下要求：苍蝇最适宜的温度是 27～30℃。8～12℃时苍蝇可以活动，但不能交配，也不能站立在食物上，只能落在天花板和墙上，不爱动，在－5℃时，3～5 天死亡。蝇幼虫要求温度比成虫高，其发育最快的最适宜温度为 35℃，－1～2℃停止活动，－5～6℃死亡，当温度过高（45～55℃）时其增加速度为正常温度时的一半。苍蝇幼虫要求食料温度 30～35℃为宜。湿度方面，成虫要求室内湿度 55%～60%，湿度过大时，蝇腿及身体易湿而妨碍活动。幼虫生长期需要的湿度为 65%～70%。苍蝇喜欢在亮的地方活动，亮度越大其活动量越大。人工养殖苍蝇在房间中要有灯光装置，每天光照 10 小时以上。

（二）蝇蛆饲料

蝇蛆生产性养殖的饲料必须是廉价的废弃物，最好是养鸡专业

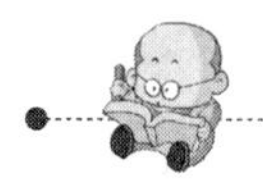

户自产的鸡粪。按 3 千克鸡粪产出 1 千克蝇蛆计算，生产性养殖所需饲料量很大。如购买酱油渣、豆腐渣或其他废弃物，则成本太高。

（三）自消能力

生产性养殖蝇蛆产品要有自消能力。目前蝇蛆产品的收购部门不多，还没有多少蝇蛆、蛹壳的深加工单位，因此，进行蝇蛆生产性养殖必须能做到自产自销，用来降低禽、鱼的饲料成本，提高经济效益。

（四）养殖场所选址

苍蝇因携带多种病原微生物传播疫病而危害人类，苍蝇的体表多毛，足部爪垫能分泌黏液，喜欢在人或畜的粪尿、痰、呕吐物以及尸体等处爬行觅食，极容易附着大量的病原体，又常在人体、食物、餐饮具上停留，停落时有搓足和刷身的习性，附着在它身上的病原体很快就污染食物和餐饮具。苍蝇吃东西时，先吐出嗉囊液，将食物溶解才能吸入，而且边吃、边吐、边拉；这样也就把原来吃进消化液中的病原体一起吐了出来，污染它吃过的食物，人再去吃这些食物或使用污染的餐饮具就会得病。霍乱、痢疾的流行和细菌性食物中毒与苍蝇传播直接相关。

蝇蛆养殖在很大程度上是有碍卫生的，因此，在选择养殖地点时要注意以下几点：远离住宅区，鸡粪或其他废弃物在院内堆积，成蝇入室叮爬，会影响人体健康；要注意当地的常年主导风向，将蝇蛆养殖场设在鸡场的下风侧，以免臭味飘入饲养室和鸡舍，影响饲养员和鸡群的健康；蝇蛆养殖场必须远离自备水源和公共水源地，以免污水渗入地下，造成水质恶化，影响鸡群用水；蝇蛆生产性养殖场所，必须有专用场地，供鸡粪和蝇蛆养殖废弃物堆放。

二、蝇蛆的养殖方式

（一）蝇蛆笼养

笼养，采用木条或 6.5 毫米钢筋制成 65 厘米×80 厘米×90 厘米的长方形框架，在架外蒙上塑料窗纱或细眼铜丝网，并在笼网一侧安上纱布手套，以便喂食和操作。每个蝇笼中配备1个饲料盆和1个饮水器。一个笼可养成蝇4万～5万只。笼养的目的是让雌蝇集中产卵。笼内放4种功能各异的盘或缸。

1. 水盘 专供种蝇饮水，每天一换。

2. 食盘 用无菌蛆浆、红糖、酵母、防腐剂、水调成的营养食料，每天一换。

3. 产卵缸 缸内装兑水的麸皮和引诱剂混合物，以引诱雌蝇集中产卵，每天将料与卵移入幼虫培育盒内后更换新料。

4. 羽化缸 专供苍蝇换代时放入即将羽化的种蛹。

（二）室外简易蝇蛆养殖

室外简易蝇蛆养殖适合的季节一般为每年的4月末至10月中旬。

简易养殖房的建造场地建议选择在远离生活区，有树荫但有一定光线，野生苍蝇较多的地方。面积应根据自己所需的产量而定，根据生产经验，平均每平方米产量为0.5千克左右。养殖房只要能遮雨就可以，房屋四周要用1米高的纱窗围起来，以防止鸡、鸭等动物进入。养殖池要求采用简单的水泥池，每个池面积为1.5～2平方米，池边高20厘米。瓦下面要用大量来回穿插的绳子连接，供苍蝇在上面歇息。南面留有一个小门，便于操作，四周开好排水沟，防止雨水侵入。

（三）室内养殖

1. 一般房养

室、棚的具体结构、规模、形状可因地制宜，不必强行一致，适用即可。保温室、棚的面积以每产1千克蝇蛆按1平方米计算。室、棚过大不利于保温，过小不能保证产量。资金允许可构筑防寒保温室，进行常年性养殖。生产性养殖的棚室构筑要注意以下

几点。

① 防寒保温　为确保室、棚内温度在25℃以上，室墙要有一定厚度，门窗要严密，室内要有取暖和调温设施。

② 防雨避晒　室、棚内养殖要注意防雨，以免破坏蝇蛆养殖环境。盛夏季节还要注意避免阳光暴晒，防止蝇蛆饲料干硬致使蛆虫死亡。

室内育蛆的设备可用缸、箱、池、多层饲养架等。缸养宜选口径较大的缸，上面必须加盖，适于小规模饲养。箱养时可用食品箱、木箱等，上面加活动纱盖，可置于多层饲养架上，适于用配合饲料养殖。盘养可根据实际生产规模（日产鲜蛆量）来确定培养盘（缸）数量，一般每万只可配备6～7个培养盘。尺寸大小以操作方便为目的来设计。四周高度一般不超过10厘米，长宽不限。材料可选择木板材、胶合板或纤维板、纸箱、镀锌铁皮、市售塑料盘等。

饲养常采用多层重叠式，以充分利用培养室空间，减少占地面积。所用材料和尺寸可根据具体条件和培养室面积以操作方便为宜，自行确定。小量饲养可以用缸、盆等，大规模宜用池养。池养是用火砖在房两侧砌成边高40厘米，面积1.5平方米的长方形池，池壁用水泥抹实，房屋中间设一人行走道，便于操作管理，一般用于室内以动物粪便饲养蝇蛆的方式。为适应周年饲养需要，室内育蛆应备有加温、保温设备，如电炉、红外线加热器、油灯等。

2. 立体房养

立体养殖房的建造，现以建造一个长10米、宽4米的养殖房为例介绍如下。

① 第一层至第二层的相距高度为80～90厘米，第二层至第三层相距高度为60厘米。第二、第三层设置是一样的，第二、第三层的池板是一块块分离的单块板，每块板的面积为育蛆池的面积，池板为水泥结构，池板厚度为5厘米左右，池板中间要放有少量的

钢筋或铁丝。池边的高度为 20 厘米。

② 房屋两边侧墙（安放窗的墙）高度为 2.8～3 米，主墙（安放排风扇的墙）高度为 3.3～3.8 米。排风扇是把养殖房内的空气排出，要在养殖房内给排风扇做一个过滤罩，以防止苍蝇逃跑。

③ 窗要设立在两个池的中间，每个窗的尺寸为高 2.2 米、宽 2 米。窗户要先用 60 目的塑料纱窗网封住，再用 1 目的钢丝网封在塑料纱窗的外面，以防老鼠咬烂塑料纱窗。

④ 收蛆桶的设立：立体养殖与过去的房养技术收蛆桶设立有点不同，过去的房养技术要在每一个池角都安放一个收蛆桶；但立体蝇蛆只在与操作通道相接的一面的两个角设有收蛆桶。

⑤ 房顶设置：从房顶中间的二分之一采用水泥瓦，剩余两边的二分之一采用透明材料，如透明塑料瓦、大棚膜、玻璃瓦等，以保证养殖房内足够的光线。在房顶至两边的二分之一处分别要安放 4 个废气排放桶（把能装 20 千克水的塑料桶用小拇指大的铁条打无数小孔。安装时先在一块水泥瓦上划开一个比桶口微小的口，把桶倒过来放在水泥瓦口上，用水泥固死。屋顶两边共安放 8 个。）

⑥ 室内需要安装四个壁扇，操作通道两头的墙上各安装一个，操作通道中间的横梁上各安装一个。室内的风扇由安放在大门外的温控仪控制，排气扇则由安放在大门外的微电脑开关控制。

⑦ 房屋瓦下面全部用 60 目的纱窗布封住，大门采用铁丝纱窗门。大门外要建立长 2 米，宽 1.6 米的过道，过道要用水泥瓦盖上。过道的作用是把蛆房门打开后，因为有了过道，光线不是特别强，以防止开门时苍蝇发现门外的强光而飞出来。

⑧ 在室内用大量绳子来回固定供苍蝇歇脚，绳子固定的方向与操作通道方向相反。按通道长度方向计算，每米需要 8 条绳子。

⑨ 在大门相反的另一头通道尾建立一个 1 平方米的炉灶，炉高 1 米，炉盖用一块铁板盖严（密封），铁板上有两个直径为 35 厘米的孔，每个孔连接着两条薄铁管，每条铁管沿着蛆池的第二层到

大门转弯向上 1 米钻出蝇蛆房，目的是热气通过铁管把热量留在蝇蛆房内，把燃烧的废气排出室外。炉灶的进料口设立在大门相反方向的墙外，操作时人在室外操作。操作口分上下两个口，上口为进料口，下口为排灰口，每一个口都有一块活动的铁板封住炉口。下面排灰口的铁板最底部有一个小洞，用来安放一个 30 瓦的鼓风机。

鼓风机是由温控仪来控制的，先把温控仪设定在 25℃，当蝇蛆房室内温度低于 25℃时，温控仪自动把鼓风机的开关打开，炉内锯末在鼓风机的作用下加快燃烧，蝇蛆房室内的温度就会提高；当室内温度提高超过 25℃后，温控仪又会自动把鼓风机电源关闭，炉内锯末燃烧放慢；当温度又再低于 25℃时，又会重复上述过程，如此周而复始。一个炉灶内每次可装入约 200～300 千克的干锯末，一间 40 平方米面积的蝇蛆养殖房每天只需添加 1～2 次就可满足加温的需要，成本非常低廉，却又非常有效。

（四）养殖方式的比较

国内目前养殖成蝇的方式有两种，即笼养和房养。两种养殖方式各有所长，笼养隔离较好，比较卫生，能创造适宜的饲养环境，但房舍利用率不高；房养则可提高房舍利用率，且设备简单，省工省本，比较适宜于大规模连续生产，但管理不便，成蝇易于逃逸。到底哪种方式更好，在此为大家作一些具体分析。

① 占地面积和投资　采用笼养时，养殖苍蝇和养殖蝇蛆都需要分别占用地方，而房养是把蝇蛆和苍蝇集中在一个地方饲养。假如要达到日产 100 千克的蝇蛆，采用房养约需 150 平方米的地方（净养殖面积 100 平方米）即可；笼养同样需要 150 平方米左右用于养殖蝇蛆，而且还要 30 平方米用于饲养苍蝇。不管采用哪种养殖方式，其养殖都是在房屋内进行。采用房养需要修建养蛆池，采用笼养需要制作苍蝇笼，需要购买用具（塑料盆或铁皮箱等），有的为了达到节省投资和自动分离，也要修建育蛆池，在出产量相同

的情况下，笼养的投资数额比房养更大。

② 操作和人工　采用房养，150平方米的养蛆房，管理苍蝇平均每天只需要不到1个小时；若采用笼养，近百个苍蝇笼一一加水加料和投放吸卵物取蝇卵，需要大量人力。据试验，管理两个小箱的人工与管理一个3平方米的育蛆池相当，而两个小箱在4天的出产时间内所出产的蝇蛆大约为1千克，而3平方米的育蛆池可以出产蝇蛆10千克左右。养殖蝇蛆的原料成本很低，成本主要就是人工，如果人工成本过高，其成本往往会比购买饲料还贵。

③ 技术掌握难易程度　笼养苍蝇是让苍蝇在一个非常小的环境内生活，必须使用驯化程度很高的苍蝇种，同时管理必须非常细致，否则苍蝇很容易死亡。房养苍蝇由于苍蝇的活动范围大，养殖管理相对可以粗放一些。但不管从事哪种养殖方式，都应该对技术进行系统学习，并严格按技术操作，否则也是容易养殖失败的。

目前在开展的蝇蛆立体房养，主要是为了供冬季低温时加温生产之需，但加温会将生产成本提高3～5倍，建造投资大而且平时的操作管理不是非常方便，所以，不在冬季加温生产的可以不修建立体蛆房。

④ 室外蝇蛆养殖每个人可以管理150平方米面积，每吨粪料一般可产约150千克鲜蝇蛆，不用电源，成本极低产量较稳定，但不如立体蝇蛆养殖房稳定，一场大风雨后需要2天以上才能恢复。室外蝇蛆养殖由于投资少，见效快，不用引种，苍蝇不用投喂，成本低等优点，是目前大多数人的选择。

第五节　蝇蛆的饲养与管理

一、种蝇的获得

可以自己驯化野生种苍蝇，或引进驯化好的蝇蛆蛹。苍蝇驯化

有一定的难度，且时间也较长。

方法是在家蝇活动季节，将适宜的产卵基质暴露于室内外引诱产卵，此后羽化出的成蝇即可作为种蝇。产卵基质用麦麸、米糠加万分之一的碳酸钙水溶液配制成半干半湿状即成，或直接采用饲养蝇蛆的畜禽粪便亦可。经过长期选育，繁殖力和幼虫体重可以明显提高。若能引进优良品系则更为理想，但引进后仍应注意防止退化，应不断复壮、选育。

获取野生红头苍蝇种源最简单的办法就是从厕所中获取。在室外温度稳定在27℃以上的晴天，先取10千克新鲜猪粪、2千克麸皮、2千克猪血、0.3千克EM有效微生物（降低或消除粪堆中的臭味并具有杀菌作用，否则养殖环境将十分恶劣，但不要过量使用）混合成蝇蛆养殖饲料放进蝇蛆养殖房的一个育蛆池中。用纱窗布做成的捞蛆装置，从厕所捞取的蛆要先在池塘中或流水中清洗，然后快速地把清洗后的蛆倒在配置好的蝇蛆养殖饲料上，蝇蛆会马上钻进饲料中。2～3天后蝇蛆就会全部长大成熟自动分离掉进收蛆桶中，把收集起来的成熟蝇蛆放在一个大塑料盆中，洒上少许麦麸，并用一个编织袋盖在蝇蛆上（注意不是盖在塑料盆的边沿上）。2～3天后，蝇蛆全部变成红色的蛹，用一个筛子筛走麦麸，把蛹用高锰酸钾溶液（10千克干净的水、7克高锰酸钾）进行消毒种、灭菌10分钟，捞出经过消毒、灭菌的蛹，摊开晾干，再重新放回塑料盆中，洒上少许麦麸，再盖上编织袋让蛹进行孵化。三天后，蛹孵化出大量的苍蝇。把投喂苍蝇的食物放在孵化盆的边沿，让苍蝇一孵化出来就能吃到东西。

第一批苍蝇是非常怕人的，它们总是停留在房顶光线较强的地方，不太愿意吃食，产卵极少或不产卵。这时采取的主要措施是：①不管苍蝇是否吃食和产卵，都要每天更换、添加食物和集卵物；②操作人员进入养殖房中，走路要慢、要轻；③产下少量的卵块要保证孵化率。

当第一批苍蝇的后代孵化出来后，要用最好的养料饲养，使蝇蛆的个体达到最大（孵化出来后雌性增加），当蛹开始孵化时，就要把在蝇蛆房中的种蝇全部赶出养殖房，不让它们与后代见面，以免把它们的野生习性传给后代。如此四代后，种蝇驯化成功。

二、成（种）蝇饲养

（一）成蝇饲料

无论是刚刚采集到的成蝇种或羽化后的成蝇，都要及时供给饲料和水，以防饥饿死亡。种蝇同其他动物一样也需要足够的蛋白质、糖类和水以维持生命和繁殖力。

有如下几种成蝇饲料可供选择。

① 红糖或葡萄糖、奶粉各50%。

② 鱼粉糊50%、白糖30%、糖化发酵麦麸20%。

③ 蛆粉糊50%、酒糟30%、米糠20%。

④ 家蝇幼虫糊70%、麦麸25%、啤酒酵母5%、蛋氨酸90毫克。

⑤ 蚯蚓糊60%、糖化玉米糊40%。

⑥ 糖化面粉糊80%、家蝇幼虫糊或蚯蚓糊20%。

在生产中，以奶粉、红糖等作饲料成本太高，常用蛆浆糊加上糖化面粉糊配制。糖化面粉糊是将面粉与水以1∶7比例调匀后加热煮成糊状，再按总量加入10%“糖化曲”置于60℃中糖化8小时后制得。以这种饲料喂养成蝇，饲养效果好，成本低。淀粉糖化酵母糊也是一种较好的饲料，可将麦粉、米粉、薯粉等淀粉类饲料接种糖化菌（酒厂有售），使淀粉降解成糖类，再接种酵母（酵母能利用糖类大量繁殖，成为成蝇的蛋白质饲料）。这种糖和酵母的混合物可满足成蝇对蛋白质和能量物质的需要。

初养时可用臭鸡蛋，放入白色的小瓷器内喂养。笼内还放入红

糖和水。饲料和水每天更换一次，盛器要洗净。一发现有苍蝇开始孵化出来，就要给其喂食。先在塑料盘里垫一片海绵，把糖水淋在海绵上即可。饲喂苍蝇的时间为每天上午的8～9点钟，投喂苍蝇的食料盘要两天清洗一次，包括食料盘的海绵。海绵第20～30天要更换新的，否则海绵发软变质产生气味，苍蝇便不会到盘中取食。

（二）成蝇饲养密度

人工养殖蝇蛆应最大限度地利用养殖空间，以达到高产目的。通过试验表明：蝇笼饲养，每只种蝇最佳空间为11～13立方厘米，每立方米饲养8万～9万只成蝇为宜。

房养的成蝇密度，春秋季节每立方米空间可养2万～3万只成蝇。夏季高温季节，以每立方米放养1万～2万只成蝇为宜，如果房舍通风降温设施完善，还可适当增加饲养密度。密度过大会导致摄食面积不足、室内空气不畅、人员操作不便，饲料更换频繁也常使成蝇逃逸死亡等问题发生。成蝇放养密度过低，又会影响产量。

（三）成蝇产卵垫与卵的收集

羽化后不久的成蝇即交配产卵，所以在羽化后3天就要在蝇房或蝇笼中放入产卵垫盘集卵。诱集成蝇产卵的物质一般有四种，即麦麸、米糠、鸡粪、猪粪。麸皮是比较稳定可靠的优良产卵垫，但成本较高。经试验证明，以笼养雏鸡新鲜鸡粪作产卵垫，其集卵效果也较为理想。产卵垫盘可以是不透明的塑料筒、塑料碗（盘）、瓷盘等。若以麦麸作产卵垫，可加入浓度为万分之一的碳酸铵水溶液将麦麸拌湿，使其含水量在60%左右。成蝇产卵时间一般多在8～15时之间。每天可集卵2次，中午12时收集1次，下午16时收集1次。收集卵时，可将产卵垫盘中的产卵垫及蝇卵一并倒入幼虫培养基中培养。空盘洗净后加入新鲜产卵垫，再重新放入成蝇笼或蝇房中集卵。

家蝇产卵期一般可持续25天左右，产卵高峰在第15天之前。一般羽化后的成蝇饲养20天后就要淘汰。淘汰时可将笼中的饲养盘、饮水器（海绵）、产卵垫盘等全部取出清洗，将成蝇杀死并清除干净，再将蝇笼用来苏儿或稀碱水清洗冲净后晾干备用，实行全进全出养殖法。蝇笼经消毒等处理后再用于培育下一批新种蝇。房养时，在淘汰成蝇后也应彻底清洗地面及四周壁面，用紫外线消毒2～3小时。

（四）蝇群结构

蝇群结构是指不同日龄种群在整个蝇群中的比例。种群群体结构是否合理直接影响到产卵量的稳定性、生产连续性和日产鲜蛆量的高低。控制蝇群结构的主要方法是掌握较为准确的投蛹数量及投放时间。实践表明每隔7天可投放一次蛹，每次投蛹数量应为所需蝇群总量的1/3，这样，鲜蛆产量曲线比较平稳，蝇群亦相对稳定。并且工作量小，易于操作。

（五）蛹种选留

蛆化成蛹后用筛网进行蛹料分离，然后挑选个大饱满者留种。蛹经灭菌后，放进种笼内羽化即成无菌蝇种。

如果冬天不养殖，更不想来年再驯化种，那就需要保种。在9～10月份，用优质粪料养殖出一批健壮的蝇蛆，待全部变蛹后，去除蛹外表水分，用塑料饭盒把蛹放进去，然后用膜把塑料饭盒密封。可以把装蛹塑料饭盒放进电冰箱的冷藏室，保证温度在5～10℃，这种温度下蛹不会死亡也不会孵化，来年室外温度上升到25℃以上时，取出放进蛆房中即可孵化；也可以把装蛹的塑料饭盒埋进井边一米以下的土中或用一条绳子将盒子吊在离井水一米的井中，来年室外温度上升到25℃以上时，取出放进蛆房中即可孵化。

（六）成蝇的管理要点

1. 日常管理

要求室内空气新鲜，温度保持在24～30℃，不能低于20℃或高于35℃，相对湿度50%～70%，每天光照10小时以上。室内备育蛆架、育蛆（池）盆、温湿度计及加温设备等设施。幼虫怕光不需光照。将家蝇蛹接入养虫笼或蝇房后，一般经4天左右即可羽化，此时应及时供给饵料（饵料的量应控制在当天吃光为准）、清水。温度较低时，可在每天上午将饲料盘取出清洗并添加新的饲料，同时更换清水；夏季高温季节，每天上、下午各喂一次饵料。在25℃时，每只家蝇每天消耗白糖0.5毫克、奶粉0.5毫克，或淀粉糖化酵母糊1.5毫克。如果是家蝇幼虫糊或蚯蚓粉则约为1.3毫克。当气温为34～37℃时，食量明显下降，38℃以上则很少摄食。

室外简易蝇蛆养殖是不需要饲喂的。但为了让苍蝇停留在养蛆房的周围不飞走，每天必须要放新粪料和集卵物。

2. 种苍蝇不产卵问题

种苍蝇总停留在光线较强的地方不愿吃食物，也不产卵或产卵极少。出现这种情况的原因主要是环境因素，如气温过低、光线太暗、养殖房内有苍蝇不喜欢的异味、食料盘与海绵未清洗产生异味、饲喂苍蝇的食物变质、粪料不新鲜或发酵过头等，还有可能是因为集卵物不新鲜、养殖员在蝇蛆房吸烟、养殖员在养殖房内动作过大驱赶苍蝇、雄性苍蝇过多而雌性苍蝇极少等。

解决的办法是：养殖房内的温度要求在22℃以上、38℃以下，光线不能太暗，消除如油漆等其他异味，食料盘与海绵要求2天清洗一次，海绵20天更换一次，每天都要用新鲜的食物饲喂种苍蝇，养殖蝇蛆的粪料要求最好是新鲜的（3天以内的），集卵物要现配现用，集卵物中不能加入EM或苍蝇不喜欢的物质，在养殖房内严禁吸烟，养殖员或参观者进入养殖房内要轻轻走动，严禁驱吓苍蝇，用较好的粪料养好留种的蝇蛆，以保证有足够的雌性种蝇。

三、蝇蛆饲养

（一）蝇蛆培养基

可用畜禽粪，也可用酒糟、醪糟、豆腐渣、屠宰场下脚料等配制。粪料配方如下。

① 新鲜猪粪（3 天以内）70%，鸡粪（一星期内的）30%。

② 屠宰场的新鲜猪粪 100%。

③ 猪粪 75%，豆腐渣 25%。

④ 鸡粪 50%，猪粪 25%，豆腐渣 25%。

⑤ 麦麸 70%，鸡粪 30%。

⑥ 麦麸 70%，猪粪 30%。

⑦ 猪粪 60%，豆渣 30%，糠 10%。

⑧ 鸡粪 70%，酒糟 30%。

把以上粪料混合，每吨粪料中加入 1 千克有效微生物（比如 EM 等），玉米粉 5 千克，含水量在 100%（把粪堆成 20 厘米高度感觉不变形），在发酵池内与粪料和匀，盖上塑料膜封严，经 1～3 天发酵后即可使用（夏短冬长）。若是室外养殖，粪料也可以不用发酵，直接送进养殖池中即可。把发酵好的粪料送进蛆房，在每个池中堆放三条，每条长 0.8 米，宽 0.2 米，高 0.15 米。

放粪的时间为每天下午的 4～5 点。培养基含水量为 65%～70%，pH 值保持 6.5～7，过酸可用石灰调节，过碱可用稀盐酸调节。每平方米养殖池倒入培养基 35～40 千克，厚度 4～5 厘米。每平方米接种蝇卵 20 万～25 万粒，重 20～25 克。接种时可把蝇卵均匀撒在料面上。保持培养室黑暗，培养料温度控制在 25～35℃，培养几天后，培养料温度下降，体积缩小，应根据幼虫数量和生长

情况补充新鲜料。

在粪料温度为25℃时，蝇蛆只能吸收粪料中养分的30%左右，粪料温度为30℃时，对养分的吸收率不到50%，当粪料温度为40℃时（粪料在发酵过程中），蝇蛆能够充分吸收粪料中养分，生长速度快，自动分离快。粪的湿度过大，粪料不蓬松，导致不能正常发酵，粪料中的温度上升不了。因此，对于黏性较大、湿度较大的粪料不能再添加麦麸，因麦麸也是软性和黏性的物质，拌和的粪料黏性很大，粪料无法正常发酵，蝇蛆不能正常生长，导致产量少，出蛆速度慢。可以在粪料中添加一些粗糠、秸秆粉、无气味的新鲜锯末，添加量可以达到15%～30%，采用有效微生物发酵一天然后马上送进蝇蛆房。蝇蛆孵化后，注意测试粪堆里的温度上升的情况。

（二）集卵物的配制和放置

集卵物的配方是：100千克粪料，麦麸1千克，鱼粉100克，花生麸150克，水1.5千克。混匀后就可放在粪堆上放上集卵物，每（笼）条放三小堆。放上集卵物以后，成蝇会很快飞来吃食和产卵，禁止在蛆房中走动。在傍晚8点时用少量的集卵物把裸露在外面的卵块覆盖。

若是室外养殖，集卵物可以更多选择，可以把死鱼等直接放在粪堆上，也可以按照以上配方配制。集卵物（开始几天最好是死鱼以吸引野生苍蝇前来）放上后，在野生苍蝇较多的地方一般在半小时内集卵物上就聚集了大量的苍蝇产卵，晚上9点要用少量集卵物把苍蝇产的卵块盖上薄薄一层，以提高孵化率和减少蚂蚁等昆虫的伤害。

（三）幼虫的分离采收

在室温25～35℃时，卵块一般在8小时后孵化成小蛆，这时如果发现粪堆太干燥，可洒上少量的水。小蛆先会把集卵物吃掉，然后钻入粪堆成长；孵化后 24 小时，先前堆放整齐的粪堆已散开了。这时要注意保持粪堆的水分，当发现粪堆有干燥情况时就要及时加水，这时加水最好是用猪圈水，添加水的多少以不见有水流出粪堆为佳；随着蛆不断地长大，粪堆已经完全蓬散。经 4～5 个昼夜，幼虫个体可达 20～25 毫克，幼虫趋于老熟，除留作种用的让其化蛹外，其余幼虫按下法分离采收。

① 强光照射分离　由于蛆有怕强光特性，可采用强光照射，待蛆从表面向下移动，层层剥去表面培养料，底层可获得大量蝇蛆。

② 水分离法　将蛆和剩余的培养料一齐倒入水缸中，经搅拌待蛆浮水面上，用筛捞出。

③ 鸡食分离　将蛆和剩余培养料撒入鸡圈内，让鸡采食鲜蛆后，再把培养料清除干净。用蝇蛆作饲料，家禽大多采用鲜蛆投喂，家畜多采用干粉，即将蛆烫死晒干磨粉加入配合饲料中投喂。

④ 强光筛网法　采收幼虫时，可利用幼虫的负趋光性，将幼虫从培养基质中分离出来，分离箱由筛网、暗箱、照明三部分组成，筛网一般用 8 目（用农副产品下脚料饲养则用更细的筛网）。分离箱一般长宽高各为 50 厘米。筛网上用强光灯分离时把混有大量幼虫的培养基质放在筛网上，打开光源，人工搅动培养基质，幼虫见光即下钻，不断重复，直至分离干净；最后用 16 目筛网振荡分离，即可达到目的。这种分离方法，要求培养料比较疏松、有较强的光源，同时需要人工不断地将其翻动、摊薄，劳动强度大、工作环境差、料蛆的分离率低（一般仅 60%左右）。

⑤ 自动分离技术　自动分离的原理是利用蝇蛆的生理特征。蝇蛆在长大成熟后就要化蛹，但它们都不喜欢在生长中的粪堆里化蛹，会从粪堆中爬出来，被育蛆池的池墙挡住后，它们沿着墙边往两边走，在快到收蛆桶边时，经过一个微小的上坡，爬到收蛆桶边上，再经过一个突然的下坡（蝇蛆没有眼睛）使它们掉进了收蛆桶

中，自动分离。采用此法占地面积小，进入分离程序后，不需要人工操作，分离过程大为简化。一般在第七天粪料中的蝇蛆已全部分离干净。

有时候特别是在冬春季节，蝇蛆分离不干净，许多蝇蛆在粪中化蛹了。其原因一是养殖房内温度，低于20℃，而粪堆中温度却在30℃以上，蝇蛆爬出来马上感觉到外面的温度对化蛹不利，只好在粪堆中化蛹；二是养殖的粪堆太大，周边的蝇蛆自动分离了，而生存在粪堆中间的蝇蛆不易爬出粪外，只好在粪堆中化蛹；三是蝇蛆活动频繁，把粪弄散后连育蛆池边都塞满了，蝇蛆无法爬出。

解决的办法如下。蝇蛆自动分离的时间在下午3点至晚上9点，这期间的温度应该调整在20℃以上，每个育蛆池中粪重量在100千克以下，每天2～3次把堵塞在育蛆池边的粪料铲到中间，使蝇蛆育蛆池墙边的路畅通无阻。

一般放进粪后的第七天，粪堆里面的蛆已基本分离干净（少量未爬出的将粪铲出后堆放在鸡场让鸡帮助清理），铲出残粪，重新放入新发酵的粪，循环生产。每天上午10点钟时要求用50倍的EM稀释液对蛆房的所有地方进行喷雾一次，以达到消除臭味和灭菌的目的。

（四）幼虫的管理要点

1. 日常管理要点

每天记录室内外的温、湿度，同时在早上8点和下午5点分两次收取收蛆桶中的蝇蛆。收蛆时先戴一个皮手套，然后抓取即可。铲出已出完蝇蛆的残粪，把其他池被蝇蛆爬得松散已堆塞了池边的粪铲回粪堆中间，以免造成堵塞。

幼虫吃饲料时，一般自上而下。如湿度、温度大或饲料不足、虫口密度过大时，就会致使幼蛆向外爬，饲养人员要随时检查，及时采取措施，如：添料或降温、降湿等。有时会发现很多还未成熟的小蛆成堆地到处乱爬，不愿进入粪中，这是因为粪中养分缺乏或含有不适物质的原因，一般加入新的合格育蛆粪料就可以马上改善。

平均每三天在收取蝇蛆时留 1 千克蝇蛆，放在一个专用孵化池或盆中让其变蛹孵化，以保证种苍蝇的数量。

必须保证每天都要送入新粪料、集卵物让苍蝇产卵，一旦停料停食，就会影响它们的生长繁殖。为了每天均匀生产，要做好生产安排。假设蛆池共 14 个，应该每天进粪两个池，第七天全部放满，第八天铲出第一天已出完蝇蛆的残粪，重新放入新的粪料。如此地循环生产，就可以做到基本每天都有一定的蝇蛆产量。

2. 蝇蛆无加温养殖要点

冬季是蝇蛆养殖的淡季，技术难度较大。其实蝇蛆养殖冬季基本上不需要怎么加温，只要做好封闭保温措施就可以。首先，将家畜禽粪便铺成一块长 100 厘米，宽 40 厘米，厚 7～8 厘米的长条，然后将孵化 1～2 天的幼蛆倒在粪便上。倒入时将幼蛆连同麦麸堆积在粪便中央。这样将麦麸及蛆之间摩擦产生的热量保存于粪便中，提高培养料的温度，从而达到无加温养殖。经过 1～2 天的消化吸收，再补充入鱼肠、鸡肠等腐败物。腐败物成堆补入，不要平铺，这样有利于蛆集中采食，产生热量。腐败动物营养高，能够增强蝇蛆的活动力，产生大量的热量，使培养料温度达到 40℃甚至更高。但是（成）苍蝇是一定需要加温的。

3. 天敌

苍蝇虽然繁殖力强，家族兴旺，但后代有 50%～60%由于天敌侵袭和其他灾害而夭亡。苍蝇的天敌有三类。一是捕食性天敌，包括青蛙、蜻蜓、蜘蛛、螳螂、蚂蚁、蜥蜴、壁虎、食虫虻和鸟类等。鸡粪是家蝇和厩蝇的滋生物，但其中常存在巨螯螨和蠼螋，会捕食粪类中的蝇卵和蝇蛆。二是寄生天敌，如姬蜂、小蜂等寄生蜂类，它们往往将卵产在蝇蛆或蛹体内，孵出幼虫后便取食蝇蛆和蝇

蛹。有人发现，在春季挖出的麻蝇蛹体中，60.4%被寄生蜂侵害而夭亡。三是微生物天敌，日本学者发现森田芽孢杆菌可以抑制苍蝇滋生，我国学者也发现“蝇单枝虫霉菌”孢子如落到苍蝇身上，会使苍蝇感染单枝虫霉病。凡此种种，都值得蝇蛆养殖者注意。

第六节　蝇蛆的利用和加工

蝇蛆的加工利用有两种方法。

第一种方法为活体直接加工利用，把蛆收集起来后直接投喂经济动物。室外蝇蛆养殖由于无法对苍蝇进行消毒，粪料中也不能使用太多的EM来消除臭味和灭菌，因此养殖出来的蝇蛆肯定带有不少有害细菌，建议使用前最好用0.07%的高锰酸钾水溶液浸泡5分钟后再饲喂经济动物。笼养及室内养殖出来的蛆已基本不带有害病菌，所以不必经过消毒就可直接投喂。家禽类动物只能投喂饲料总量的5%～10%，另补充一些一般的饲料就可满足家禽的营养需要。由于蝇蛆含蛋白太高，如果蝇蛆对家禽的投喂量超过10%，就会引起家禽消化不良而拉稀；水产动物类可投喂100%的鲜蝇蛆。

第二种方法是加工成蝇蛆（干）粉。把收集到干净的蝇蛆放进开水中烫一下，然后捞出晒（烘）干及粉碎即可。蝇蛆日产量多，晒干后可粉碎控制水分，便于长时间保存。蝇蛆加工时，要挑出腐烂变质的死蛆，以免影响蛆粉质量。饲喂动物一般采用蛆粉加入饲料中，添加量一般为2%，或者直接拌入粉碎的玉米中，及时喂饲新鲜的蝇蛆拌入玉米面中不可久置以免发霉变质。

参 考 文 献

[1] 原国辉，郑红军编著. 蚯蚓的人工养殖技术. 郑州：河南科学技术出版社，2003.2.

[2] 单鸿仁编著. 蚯蚓在医学中的应用研究. 太原：山西科学教育出版社，1991.4.

[3] 张复夏，郭宝珠，王惠云编著. 蚯蚓的药理及其临床应用. 西安：陕西科学技术出版社，1987.09.

[4] 孙得发编著. 饲料用虫养殖新技术. 西安：西北农林科技大学出版社，2005.6.

[5] 许智芳编著. 蚯蚓及其人工养殖. 南京：江苏科学技术出版社，1982.3.

[6] 曾宪顺主编. 蚯蚓养殖技术. 广州：广东科技出版社，2002.12.

[7] 杨珍基，谭正英编著. 蚯蚓养殖技术与开发利用. 北京：中国农业出版社，1999.01.

[8] 闫志民，翟新国，孟五刚编著. 药用动植物种养加工技术. 北京：中国中医药出版社，2000.11.

[9] 陈义. 中国蚯蚓. 北京：科学出版社，1956.

[10] 黄福珍. 蚯蚓. 北京：农业出版社，1982.

[11] 陈德牛主编. 蚯蚓养殖技术. 北京：金盾出版社，1997.

[12] 杨珍基主编. 蚯蚓养殖技术与开发利用. 北京：中国农业出版社，1999.

[13] 潘红平主编. 动物学. 桂林：广西师范大学出版社，2004.9.